반려동물
집밥 레시피

-두 번째 이야기-

강아지와 고양이를 위한 자연식 레시피

하이펫스쿨

박영story

하이펫스쿨에서 운영하는 반려동물 동반 카페 마포다방에 오는 손님들께서 저마다 하시는 이야기가 있어요.

우리 포비와 버키를 보시고,

"여기 애들은 모두 도도해요, 사랑을 많이 받았나봐요!"

우리 버키는요. 마포다방에 있으면 활처럼 꼬리를 치켜세우고, 마당을 활보하죠.

버키는 태어난 지 6개월쯤 훈련소에 맡겨진 아이였어요. 다른 비글보다 다리는 짧고, 얼굴은 앳된 이 아이는 훈련소에서 "꽁밥"(사료값이 나오지 않는 객식구)으로 불리며 4년을 살았습니다.

비글, 어렸을 때는 참 예쁘죠...

지금도 잘생긴 우리 버키는 어렸을 때 더욱 예뻤겠죠. 아마 예뻐서 입양했을 텐데, 무는 것을 좋아하는 비글이라 뭔가를 물어뜯기 시작했을 것이고, 털이 빠져 온 집안에 수북이 쌓였겠죠. 분리불안도 있어, 보호자가 나가면 하울링을 하며 짖었을 겁니다.

그래서 행동교정을 위해 훈련소에 맡겨볼까? 하는 생각에 맡겨졌을 것이고, 아이 키우듯이 손이 많이 가는 어린 비글 없이 살다보니 보호자 입장에서는 편했겠죠. 매달 내는 훈련소 비용이 부담이 되었을테고 아까웠을 수 있습니다.

그리고는 보호자와 연락이 두절되었다고 합니다.

가끔 일과 친분으로 방문했던 훈련소에서 만난 버키는 정말 조용한 아이였고, 사람들이 오면 잠깐 인사하고 쓱 사라지는 눈에 띄는 듯 안 띄는 듯 그런 아이였어요.

우리에게 온 첫 주는 저도 힘들고 나도 힘들고, 3일을 잠도 안자고, 먹지도 않고, 똥도 안 싸고, 큰 눈만 끔뻑끔뻑, 누가 뭐래도 다 받아주고, 소리도 내지 않던 소심한 아이가 지금은 자고 일어나면 뛰어와 옆에 누워 엄마, 아빠를 하염없이 사랑스런 눈으로 한참 바라보고, 6살이지만 아기처럼 어리광을 부리며, 가끔 쿠션을 뜯어 하얀 솜으로 눈을 만들어 여름날 크리스마스를 선물하는 개구쟁이 아들이 되었습니다.

갈 곳 없는 한 아이를 입양하는 것만으로 세상을 바꿀 수는 없지만, 그 아이의 인생을 바꿀 수 있다는 말에 공감하고 또 공감합니다.

분양받지 마시고, 입양하세요.

한 생명의 인생을 바꿔주세요. 그리고 기적을 만들어주세요.

「반려동물 집밥 레시피 - 강아지와 고양이를 위한 자연식, 수제간식」에 이어, 「반려동물 집밥 레시피: 두 번째 이야기 - 강아지와 고양이를 위한 자연식 레시피」를 집필하게 되어 감사하고 행복합니다.

이 책이 대만에서도 출판이 되어 신기하고 놀랍기도 하면서, 더 많은 분들이 집밥 레시피의 메뉴를 반려동물에게 급여하시겠구나 생각하니, 한편으로 많이 공부하고 연구해 안전한 레시피를 제공해야겠다는 책임감으로 어깨가 무겁습니다.

많은 분들이 집밥 레시피 두 번째 이야기를 오래 기다려주신만큼, 오랜 시간 함께 하며 우리에게 행복을 주는 반려동물의 삶의 질을 건강하게 높여 주기 위한 마음으로 열심히 준비했습니다.

레시피를 개발하고, 촬영하며, 집밥 레시피 두 번째 이야기를 함께 하느라, 많이 고생한 박슬기 선생님과 이승미 선생님께 감사하고 당신들이 있어 든든하단 말씀 전하고 싶습니다. 하이펫스쿨을 기획할 때부터 지지해주고 함께 해준 서진남 대표이사님, 당신의 응원이 없었다면, 하이펫스쿨도 없었을 것입니다.

하이펫스쿨에서 함께 꿈꾸고 성장하고 고생하고 있는 유경자 선생님, 이고운 선생님, 이정현 선생님, 채정희 선생님께 깊은 감사의 마음을 전합니다.

하이펫스쿨 대표 김수정

포비

실버푸들 (7살, 3.4kg)

까탈쟁이 푸들 포비는 입도 짧고 입맛도 까다로워 잘 먹는 것보다 안 먹는 것이 더 많은 푸들이랍니다. 닭, 오리 등의 가금류를 좋아하고, 갈거나 물에 빠진 소고기는 안 먹고, 생고기나 구운 고기, 오븐에서 바로 나오거나 솥에서 바로 나온 갓 조리한 음식을 좋아하는 입맛이 고급진 아이랍니다.

버키

비글 (6살, 13kg)

처음 우리에게 왔을 때 버키는 가리는 것 없이 다 잘 먹어, 산책 가다 풀도 뜯어먹고, 배추도 뜯어 먹었답니다. 그러나 단호박, 식은 고구미를 섞은 자연식, 바나나처럼 물컹거리는 식감은 좋아하지 않는 은근 편식쟁이에 가끔은 요리를 위해 꺼내놓은 생고기를 훔쳐먹는 육식 마니아랍니다.

마루

푸들 (14살, 5kg)

자칭 강아지계의 최강 동안! 엄마바라기이지만 맛있는 음식 앞에서는 엄마도 무용지물입니다. 2살 동생 건이를 따라 회춘 중인 마루의 최근 특기는 네 발로 깡총깡총 뛰어다니기랍니다. 뭐든 다~ 잘 먹는 마루! 지금처럼 늘 잘 먹고, 건강하길!

건

푸들 (2살, 4kg)

이제야 엄마, 아빠, 마루 형과 함께하는 방법을 알아가고 있는 2살 건! 펫푸드 크기는 작게, 그리고 천천히 먹지만 가리지 않고 무엇이든 잘 먹는 건아! 영양 듬뿍 정성 가득 엄마표 펫푸드로 건강하자!

콩이

(10살, 5.8kg)

견생 10년차에 고기는 SoSo~~ 야채도 Not bad~~ 콩이는 엄마가 해준 밥이라면 자다가도 벌떡 일어나는 착한 딸이랍니다. 아픈 곳 없이 아직도 3살로 보이는 동안 유지 비결은 엄마의 자연식 집밥 덕분이죠. 바른 식습관 문화, 건강한 강아지 키우기, 함께 해요!

싯포

코리안 숏헤어 (5주, 620g)

생후 3일차에 발견된 길냥이 출신 싯포는 너무 연약하게 태어나 엄마냥이에게 버려진 아이였지만, 엄마의 인공 수유와 영양 듬뿍 이유식 덕에 미모의 캣초딩 개냥이가 되어가는 중이랍니다. 집사 엄마와 콩이 누나와 함께 건강하고 행복하게 살아가자!

차례

01

반려동물
집밥

얼마나
먹어야 할까요?

개와 고양이를 보살필 때 중요한 것은 건강하게 삶의 질을 향상시키고, 지금의 건강상태를 유지하면서 최상의 건강상태로 오래 살게 하기 위해, 반려동물의 생애 단계를 이해하고 그 시기에 맞게 적절히 보살피는 것입니다.

보호자는 적당한 식이를 위해 영양학적 지식과 사용하고 있는 식재료를 공부해 각 개체의 생활사에 맞는 적절한 식이를 제공하는 것이 필요합니다.

"얼마나 먹어야 할까요?"

「반려동물 집밥 레시피 - 강아지와 고양이를 위한 자연식, 수제간식」을 출판한 후 가장 많이 질문 받은 것이 "우리 강아지, 고양이에게 얼마만큼 급여해야 해요?"였습니다.

그런데 가장 기본적인 질문이지만, 답변하기가 매우 어려웠습니다.

그럼 저는 다시 질문합니다. "얼마나 급여해야 할까요?"

급여량과 영양소에 대한 요구량은 반려동물의 품종별, 나이, 성별, 체중, 신장 등 신체적 특징과 개별의 생활사와 환경 등에 따라 개체별로 달라야 해요. 우리 반려동물에게 자연식을 얼마나 급여해야 하는가는 보호자가 결정해 주셔야 합니다. 왜냐하면 내 반려동물을 가장 잘 아는 것은 바로 보호자니까요.

친구들이 오면 잠깐 인사만 하고 친구들과 놀지 않는 활동량 적은 3.4kg 7살 푸들 포비와 마포다방 카페에 놀러와 마당에서 두세 시간을 계속 뛰어놀아도 지치지 않는 3kg 2살 푸들 몽이 중 누가 더 잘 먹어야 할까요? 당연히 활동량이 많은 몽이겠죠.

시중에 판매되는 습식사료나 수제간식의 대부분은 반려동물의 kg당 급여량을 책정합니다. 포비는 평소에 활동량이 많지 않아요. 포비는 하루에 한끼를 먹어도 배고파하지 않고, 입도 짧아 평소에 사료를 먹는 양이 매우 작습니다. 그런데 만약 몽이가 포비와 같은 양의 식사를 한다면, 몽이는 배고프지 않을까요? 몽이처럼 하루를 신나게 뛰어 놀려면 에너지가 많이 필요하니까요.

하루에 한끼를 먹어도 괜찮은 강아지가 있는가 하면, 하루에 자주 먹어야 하는 강아지, 새벽에 배고프다고 밥을 달라고 보호자를 깨우는 강아지, 개체마다 먹는 습관이 매우 다릅니다.

시중에 판매되고 있는 사료를 먹을 때는 그나마 사료회사에서 g당 kcal을 계산해 놓아, 하루에 먹어야 할 사료 양을 계산하기가 어렵지 않습니다. 하지만 내가 집에서 만들어주는 자연식은 얼마만큼 줘야 하는지 어떻게 계산할까요?

식품의 하루 섭취량을 결정하는 것은 칼로리이지요. 에너지의 양을 측정하는 단위가 바로 칼로리입니다. 우리 신체에서 에너지가 필요할 때 음식을 섭취해서 그것이 화학 반응을 거쳐 몸에서 소화하고 흡수하여, 에너지를 공급합니다. 그 에너지는 필요한 만큼 사용되고 나머지는 몸에 저장되겠죠. 하지만, 이런 칼로리가 정확하지 않다는 지적이 많습니다.

탄수화물은 '1그램당 4.1칼로리, 단백질은 5.65칼로리, 지방은 9.45칼로리'라고 하지만, 미국과학진흥협회에서는 열량 성분표나 웹사이트에 공개된 칼로리와 실제 칼로리가 최대 30%까지 차이가 날 수 있음을 지적합니다. 우리가 사용하는 애트워터 밤 칼로리미터 계수가 정확하지는 않지만, 대처할 방법이 없기 때문에 100년이 지난 지금에도 칼로리를 사용하고 있다고 합니다. 그래서 칼로리는 양적인 것보다 질적으로 접근하는 것이 필요하다고 보는 학자들도 늘고 있는 추세지요.

집밥 레시피에서의 자연식도 열량을 계산하기가 어려운 것이, 반려동물의 개체마다 흡수하는 정도가 다르고, 완전히 소화되지 않으면 신체는 음식의 모든 칼로리를 에너지로 사용할 수 없습니다. 식품의 열량의 단위인, 칼로리는 식재료의 재배방법, 보관방법, 조리방법 등에 따라 열량이 계속 바뀝니다. 열량을 구하는 프로그램의 데이터베이스에는 레시피에 사용된 재료가 없는 경우가 많고, 조리 방법에 따른 칼로리의 데이터가 자세하지 않아, 결과의 오차 범위가 있습니다.

그럼에도 불구하고 많은 분들이 "얼만큼 먹어야 해요?"라고 물으셔서, 「반려동물 집밥 레시피: 두 번째 이야기 - 강아지와 고양이를 위한 자연식 레시피」에서는 우리 강아지, 고양이에게 대략 얼마나 급여해야 하는지에 대한 부분을 더 보강하였고, 집에서 손쉽게 만들 수 있는 자연식 레시피를 준비하였습니다.

일일 에너지 요구량(Daily energy requirement)에 따른 급여량 계산과 반려동물 집밥 레시피 활용법

휴지기 에너지 요구량(Resting energy requirement: RER)

「반려동물 집밥 레시피 - 강아지와 고양이를 위한 자연식, 수제간식」에서 소개했던 휴지기 에너지 요구량(Resting energy requirement: RER)을 계산하여, 일일 에너지 요구량(Daily energy require- ment: DER)을 반려동물의 활동량과 중성화 여부에 따라 칼로리로 계산해보았습니다.

휴지기 에너지 요구량(RER)은 동물이 휴식 상태에서 아무것도 안 해도 숨을 쉬고, 심장이 뛰고, 몸의 대사과정을 하기 위한 기본적인 에너지라고 볼 수 있어요.

> 휴지기 에너지 요구량(Resting energy requirement: RER)
> 온도가 중립인 환경에서 휴식상태의 동물이 소비하는 기본 에너지
> RER(kcal)=70×(kg체중)$^{0.75}$
> RER(kcal)=30×(kg체중)+70 (2~48kg의 체중을 갖는 동물)

RER(kcal)=70×(kg체중)$^{0.75}$ 식으로 계산하는 것은 어려우니, RER(kcal)=30×(kg체중)+70 식으로 우리와 함께 생활하는 반려동물의 휴지기 에너지 요구량을 계산해보세요.

일일 에너지 요구량(Daily energy requirement: DER)

동물이 필요한 에너지량을 계산할 때 먼저 휴지기 에너지 요구량을 계산한 이후, 동물의 생활사를 넣은 일일 에너지 요구량을 계산해야 합니다.

일일 에너지 요구량은 반려동물의 상태를 체크합니다. 그리고 이는 동물이 하루에 필요한 에너지 양입니다. 먼저 계산한 휴지기 에너지 요구량(RER)에 각 동물별 상태를 넣습니다.

뚱뚱하고 비만인 개체는 적게 먹고, 활동량 많은 개체는 많이 먹고, 중성화된 개체는 조금 덜 먹는 등, 휴지기 에너지 요구량을 계산한 후 내 반려동물의 상태에 따라 일일 에너지 요구량을 계산해서 급여합니다.

일일 에너지 요구량

반려견 상태	DER		반려묘 상태	DER
비만	1.0 × RER		수유묘 / 12주 이하 자묘	3.0 × RER
비만 경향	1.4 × RER		4~6개월 자묘	3.0 × RER
중성화 수술	1.6 × RER		7-12개월	2.0 × RER
운동량 없음	1.8 × RER		중성화되지 않은 성묘	1.4 × RER
가벼운 운동	**2 × RER**		중성화 성묘	1.2 × RER
적당한 운동	**3 × RER**		**활발한 성묘**	**1.6 × RER**
심한 운동	4~8.0 × RER		비만 성묘	0.8 × RER

반려동물 집밥 레시피 활용법

우리가 돌보고 있는 반려견과 반려묘의 식이를 계산해볼까요?

개의 품종은 소형견, 중형견, 대형견으로 몸무게의 구분을 3~5kg, 10~12kg, 17~20kg으로 나눴습니다. 35kg 이상 대형견과 같이 이 범위에 해당하지 않는 반려견들은 보호자님이 직접 계산해보세요. 어렵지 않아요. 고양이는 보통 우리나라에 살고 있는 품종은 5kg 전후반인 경우가 많아 5kg 기준으로 계산하였습니다.

DER _ 성견 / 성묘 기준 kg별 일일 에너지 요구량

반려견	3~5kg	10~12kg	17~20kg
비만 DER	160~220kcal	370~430kcal	580~670kcal
비만 경향 DER	224~308kcal	518~602kcal	812~938kcal
중성화 수술 DER	**256 ~352kcal**	**592~688kcal**	**928~1072kcal**
운동량 없음 DER	288~396kcal	666~774kcal	1044~1206kcal
가벼운 운동 DER	320~440kcal	740~860kcal	1160~1340kcal
적당한 운동 DER	480~660kcal	1110~1290kcal	1740~2010kcal

반려묘	5kg
중성화되지 않은 성묘 DER	308kcal
중성화 성묘 DER	**264kcal**
활발한 성묘 DER	352kcal
비만 성묘 DER	176kcal

* 고양이는 개보다 먹는 것에 대한 욕구도가 강하지 않아, 보통의 성묘는 5kg 전후이므로, 5kg을 기준으로 계산함.

집밥 레시피 칼로리 계산은 중성화 수술을 한 성견, 성묘를 기준으로 계산했습니다. 우리나라의 대부분의 반려동물이 중성화 수술을 한 경우가 많고, 또 보호자들이 자연식을 주다 보면, 한번에 한끼 식사 양보다 많이 주는 경우가 많습니다. 활동량 많은 아이, 중성화가 되지 않은 아이 등은 제시된 양보다 좀 더 급여하시거나, 내 아이의 생활사에 따라 환경에 따라 선택해서 주시면 됩니다.

하루 한끼 식사량으로 식이는 강아지는 2번 나눠 급여, 고양이는 3번 나눠 급여로 계산하면 좋지만, 급여량의 계산이 복잡해지므로, 반려견, 반려묘 모두 하루 2번 나눠 급여하는 것을 가정하여 한 끼 식사량을 표기하였습니다.

1회 급여량 / 하루 2번 나눠 급여 시

중성화한 반려동물	반려견 3~5kg	반려견 10~12kg	반려견 17~20kg	반려묘 5kg
하루 급여량	256~352kcal	592~688kcal	928~1072kcal	264kcal
1회 급여량	128~176kcal	296~344kcal	464~536kcal	132kcal
집밥 레시피	제공비율	ex) 1.2배	ex) 3배	

* (DER/2: 하루 2번 나눠 급여 시) 1회 급여량, 총 집밥(레시피)양에 비율만큼 제공
* 중성화된 성견, 성묘 기준(DER/2: 하루 2번 나눠 급여 시) 1회 급여량(하루 2회 급여 기준), 총 집밥(레시피) 양에 비율만큼 제공
* 중성화가 되지 않은, 활동량이 많은, 비만 등 반려동물의 특징과 생활사, 환경에 따라 급여량은 보호자가 고려해 조율할 것
* 위의 *부분은 각 레시피의 아래 표 부분에 생략되어 있으니 꼭 고려해서 한번 급여량을 제공해주세요.

집밥을 하면 가장 큰 단점은 우리 반려동물이 편식하는 것이지요. 편식 시에는 보호자가 안먹는 야채 등을 더욱 많이 주려고 노력해야 하는데, 좋아하지 않는 야채를 넣어 요리를 해주면 '퉤퉤' 뱉어버리고 먹지 않으니, 그러다 보면 또 우리 아이가 좋아하는 식재료만 사용하는 경우가 많아요.

집밥 레시피에서도 요리당 사용하는 식재료가 많아야 열 가지 미만이어서 과연 집에서 자연식을 할 경우 우리 반려동물에게 필요한 영양소가 완벽하게 공급이 될까 의문이기도 합니다.

반려동물들과 달리 우리 한국 사람의 경우에는 김치만 먹어도 건강할 듯 싶어요. 배추, 무 등 싱싱한 야채와 함께 과일을 갈아넣고 액젓 또는 생선을 넣는 지역도 있고, 갖은 양념으로 다양한 바다와 육지의 식재료를 넣어 발효를 시키는 식품이니까요.

무기질과 비타민은 균형있게 섭취해야 하는데 균형에 맞지 않는 집밥의 경우 부족할 확률이 매우 높고, 이를 우려해 특정 영양소를 과다하게 섭취할 경우에는 독성이 발생될 수 있고, 단백질을 과다 복용하면 신장이 빨리 노화되거나 기호도가 좋은 지방을 많이 급여하면 비만을 초래할 수 있기 때문에 반려동물에게 필요한 적절한 영양소를 공급한다는 것이 쉬운 일이 아닙니다. 이런 이유로 집밥 레시피 첫 번째 이야기에서도 다양한 식재료를 다양한 방법으로 조리해서 주시는 것을 추천 드렸습니다.

반려동물에게 밥과 간식을 주실 때는 밥배 따로, 간식배 따로 계산하지 마시고 하루에 총 먹는 양이 주식과 간식을 모두 포함한 양이어야 합니다.

'우리 애가 밥을 안먹어요.' 하시는 경우는 사료를 안먹어서 달걀을 삶아주었다거나 간식을 주었다 하시는 분들이 대부분입니다. 반려동물들이 밥을 안먹는 것이 아니라 이미 쓸만큼의 칼로리양을 충분히 간식으로 먹었기 때문에 간식보다 맛없는 사료를 안먹는 것뿐입니

다. 사료는 안먹고 반려동물이 좋아하는 간식으로만 배를 채우게 되면 결과적으로 영양이 불균형 할 수 있으니, 사료를 안먹고 간식만 먹는 친구들은 오히려 굶겨 사료만 주시는게 바람직합니다.

집밥 레시피를 사용하실 때도 집밥 레시피 책의 메뉴들을 메인 주식으로 사용하기보다는 간식 혹은 특식으로 주시면 좋을 듯합니다. 한끼는 사료로 급여하시고, 한끼는 특식이나 자연식으로 주시면 반려동물의 삶의 질이 좀 더 좋아지지 않을까요? 주식은 하루에 필요한 권장량만큼 먹어야 하나 자연식으로 할 경우는 부족할 수 있으니 건강을 유지하려면 사료와 함께 급여해주세요.

반려동물 집밥 레시피에 사용된 식재료

1	닭가슴살	지방이 적은 것이 특징이고 니아신, 아라키돈산이 풍부하다. 신진대사를 촉진시켜 면역력 향상에 도움을 준다.
2	닭똥집	지방이 적고 콜라겐이 풍부하여, 다이어트에 도움을 준다. 비타민B과 철분이 많이 들어 있어, 피부노화방지에 효과가 있다.
3	닭발	근육의 양이 적고 뼈와 껍질이 대부분이다. 콜라겐과 엘라스틴과 같은 결합조직단백질이 많아 쫀득한 식감과 함께 피부미용과 관절에 좋은 것으로 알려져 있다.
4	달걀	양질의 동물성 단백질을 포함한다. 필수아미노산이 균형있게 포함되어 비타민A, D, B1, B2 등과 칼슘, 철 등의 미네랄, 그리고 메티오닌도 다량 함유되어 있다. 비타민C가 부족하므로 채소와 함께 섭취하는 것이 좋고, 반숙인 상태가 소화가 가장 빠르다. 특히, 달걀흰자는 반드시 가열 조리해야 한다.
5	오리	오리의 지방은 체온에도 쉽게 녹아 체내에서 굳지 않는다. 또한 콜레스테롤 수치를 내려 필수 지방산인 a-리놀렌산, 리놀렌산이 다른 육류에 비해 많다. 특히 비타민B2가 많아서 성장을 촉진시키고, 피부와 발톱, 세포의 활동을 돕는다.
6	오리오돌뼈	콜라겐이 풍부하고, 저칼로리에 칼슘이 많아 관절건강에 좋다. 이가 약한 자견이나 노령견에게도 좋은 식재료다.
7	칠면조	피부를 건강하게 보호하며, 발톱이나 털 상태를 고르게 하는 식재료이다.
8	칠면조 다리	고단백식품이기 때문에 적은 양으로도 포만감을 줄 수 있고, 뼈에 비해 살코기의 함량이 높아 식사 대용으로도 좋다.
9	메추리	닭에 비해 단백질함량은 낮지만, 비타민B1, B2가 많아 에너지를 공급하고 피로회복에 도움을 준다. 세포기능을 조절하는 효소에 도움을 준다.
10	메추리알	알 중에서 가장 작다. 양질의 단백질과 필수아미노산이 풍부하며, 칼로리가 낮아 다이어트에 효과적이다. 크기가 작아 반려동물용으로 요리하기 좋다.

11	쇠고기 홍두깨살	비타민B1, B2, B6와 단백질이 풍부. 지방이 적은 부위이다. 피로회복이나 동맥경화 예방 등에 좋고 피부건강 유지에도 도움을 준다. 소고기 중 단백질량이 많고 열량이 낮아 사용하기 좋은 식재료이다.
12	송아지목뼈	적은 지방과 많은 양의 수분이 있어 부드러우며 필수아미노산과 지방산이 풍부하여 소화흡수가 잘되고, 기호성이 좋다. 뼈를 튼튼히 하고 부종을 없앤다.
13	우족	칼슘이 풍부하여 관절을 튼튼하게 하고, 젤라틴이 풍부하여 국물을 내어 보양식으로 섭취하는 것도 좋다.
14	소떡심	등심을 둘러싼 목근육 안쪽에 있는 힘줄(인대)로 콜라겐이 풍부하여 피부미용에 도움을 준다. 단백질과 철분이 풍부하여 성장기의 반려동물에게도 좋다.
15	소간	다량의 소간은 비타민A 과잉증이 생길 수 있어 가려움증, 탈모 등과 같은 증상이 생길 수 있고, 뼈가 석회화 되어 변형되는 증상이 생길 수 있으므로 조심해야 한다. 비타민B12, 비타민C를 함유하고 있어 빈혈예방에 좋다.
16	돼지고기	'피로회복의 비타민'이라고 불리는 비타민B1을 육류중 가장 많이 포함하고 있다. 젊음을 유지하고, 튼튼한 몸을 만드는 데 도움을 준다. 더위를 잘타는 강아지에게 좋으나 양이 많아지거나, 부위에 따라 지방에 많으면 체중이 늘 수 있어 주의해야 한다.
17	돼지귀	단백질, 콜라겐, 식이섬유가 풍부하다. 뼈건강과 피부미용에 좋다. 이물질 및 털 제거에 유의한다.
18	양고기	단백질이나 비타민B2, 철이 풍부하고 필수아미노산이 포함된 양질의 단백질원이다. 몸을 따뜻하게 만들어준다.
19	양플랩	양의 갈비뼈이다. 지방이 적고 콜레스테롤이 낮다. 무기질, 칼슘이 풍부하다. 얇고 가늘어서 다양한 간식의 재료로 응용할 수 있다.
20	캥거루	고단백 저지방을 대표하는 육류이다. 공액리놀렌산이 풍부해서 동맥경화나 비만 예방에도 효과가 있다. 부드러운 붉은 고기로 '베지터블 미트'라 불릴 정도로 영양가가 높다. 다이어트 중이나 성장기인 강아지에게 가장 좋은 식재료이다.
21	캥거루꼬리	콜라겐과 콘드로이틴이 풍부하여 피부보습과 근육탄력에 도움을 준다. 공액화리놀렌산을 소꼬리에 비해 10배, 양고기에 비해 5배 많이 함유하고 있다.
22	연어	흰살생선으로 분류된 DHA, EPA를 포함한 우수한 식재료이다. 비타민D가 풍부하며, 타우린 칼슘도 포함하고 있다. 콜레스테롤 대사 촉진, 항염증 효과, 피부보호, 항산화작용의 효과가 있다.
23	대구	지방이 적고 고단백, 저열량이다. 소화흡수가 잘되고 몸을 따뜻하게 해준다.
24	조기	흰살생선으로 지방이 적어 다이어트에 도움이 되는 식재료이다.
25	황태	각종 필수아미노산이 풍부하게 들어있다. 생태보다 5배 이상의 단백질과 아미노산을 함유하고 있어 기력회복에 좋다.
26	마른 멸치	만드는 공정에서 소금물이 사용되므로 염분 제거가 필요한 식재료이다.

27	디포리	밴댕이를 뜻하는 사투리이다. 칼슘과 철분 성분이 있어 골다공증 예방과 피부미용에 좋으며, 불포화지방산이 많다.
28	상어연골	콜라겐과 콘트로이친이 풍부하여 관절질환에 도움을 준다. 필수아미노산, 타우린 등이 풍부하여 성장기에 좋다.
29	가쓰오부시	필수아미노산이 모두 함유되어 있고, 고단백 저지방으로 체력증진에 좋다. 짠맛이 강해 소량 주는 것이 좋다.
30	다시마	갑성선호르몬의 성분인 요오드가 풍부하다. 피부나 장, 간장에 좋지만 갑상선질환이 있는 경우 수의사와 상담한 후 먹는 것이 좋다.
31	미역	b-카로틴보다 높은 항암작용을 하는 푸코크산딘(갈조소)이 풍부하다. 소량 급여하는 것이 좋다.
32	한천	수용성 식이섬유가 풍부하다. 저열량이라 에너지원으로 이용되지 않지만 다이어트나 변비해소, 유해물질 배출에 도움을 준다.
33	김	b-카로틴 함유 외에도 혈액을 만드는 비타민B12가 풍부하다. 저열량으로 영양가가 높은 식재료이지만 '인' 성분이 많아 너무 많이 주면 안되는 식재료이다.
34	참기름	참기름은 소량 섭취해도 열량이 높다. 피부미용과 혈중 콜레스테롤을 떨어뜨려주는 불포화지방산이 풍부하다. 세사민이 함유되어 고밀도 단백질을 증가시키고, 콜드프레스 제조법이나 전통 기법으로 짠 것을 추천한다.
35	들깨	약 40%가 지방으로 이루어져 있고, 올레인산, 리놀렌산이 풍부하다. 기력을 차리는 데 도움을 주는 식재료이다.
36	흑임자	안토시아닌이 풍부하다. 세사민 등의 항산화 물질을 포함하고 있고 활성산소에 의한 세포의 노화나 과산화지질의 증가를 억제한다. 전반적으로 단백질, 비타민A, B1, B2, B6, 니아신, 비타민E, 엽산, 칼슘 등을 풍부하게 포함하고 있다.
37	아마씨	오메가3 지방산이 풍부하다. 각종 비타민, 무기질, 식이섬유도 풍부하다. 피모건강, 탈모개선, 변비치료에도 도움을 준다. 다량 섭취시 시안산이 독성으로 작용할 수 있어 소량 급여한다.
38	두부	단백질과 필수미네랄이 풍부하고 고열량이다.
39	두유	무조정 두유가 좋고, 소화율이 뛰어나다.
40	우유	단백질, 레티놀, 인, 칼륨, 칼슘이 풍부하다. 우유에 들어 있는 영양분은 뼈를 튼튼하게 만들기도 하지만, 콜레스테롤을 함유하고 있어 많이 먹이는 것은 좋지 않다.
41	오트밀	콜레스테롤을 배출하고 면역력을 높여준다.
42	코코넛파우더	식이섬유, 인, 철분, 단백질, 지방 등이 들어있다. 코코넛에 들어있는 지방은 열량이 높지않아도 포화지방산의 함량이 높으므로, 다량 섭취하는것은 좋지 않다.
43	쌀가루	쌀의 단백질은 글루텐을 형성하지 않는다. 열량이 다른 곡물보다 높은 편이고, 탄수화물의 비중이 78%로 가장 높은 편이다. 비타민B, E, 인, 마그네슘 등을 함유하고 있고 칼슘이 적은 편이다.

44	감자전분	주성분은 탄수화물로 요리에 맛을 더하는 것 외에도 식감을 부드럽게 만들어 잘 삼키는 반려동물들에게 사용하는 것이 좋다.
45	캐롭 파우더	초콜렛과 비슷한 향과 맛을 내는 재료이다. 카페인이 들어있지 않아 강아지의 신경계에 영향을 주지 않는다. 칼로리가 낮고, 탄닌 성분이 들어 있어 설사에 도움이 된다.
46	시나몬 파우더	비타민, 엽산, 인, 철분, 칼슘이 풍부하다. 소염-진통효과가 뛰어나며 혈액순환에도 도움을 준다. 향이 강하므로 소량씩 사용하고 임신한 강아지에게 급여하지 않는 것이 좋다.
47	미숫가루	탄수화물 뿐 아니라 미네랄과 비타민이 풍부하다. 시중에서 판매하는 미숫가루에는 보존제나 나트륨 등의 첨가물이 들어가는 경우가 많으므로 구입시 주의한다.
48	강황	커큐민 성분이 담즙의 분비와 소화작용을 돕는다.
49	현미	영양가를 균형있게 함유해서 해독작용이 높고 신진대사를 높인다. 소화를 잘 못할 수 있으므로 푹 익혀 준다.
50	찹쌀	소화가 잘되는 재료이다.
51	팥	탄수화물, 단백질, 비타민 등을 지니고 있는 식품이다. 이뇨작용과 붓기 제거, 노폐물 배출에 효과적이다. 비타민B1이 들어 있어 피로회복과 기력강화에도 도움을 준다.
52	병아리콩	이집트콩, 칙피로 알려져 있다. 밤처럼 고소한 맛을 낸다. 단백질과 칼슘, 식이섬유가 풍부하다. 설사와 소화불량에 효과가 있다.
53	렌틸콩	볼록한 렌즈 모양을 하고 있어 '렌즈콩'으로 불린다. 단백질과 식이섬유가 풍부하여 변비예방과 다이어트에 좋다. 콜레스테롤을 낮춰주고 혈당조절을 도와준다.
54	완두콩	녹황색 채소와 대두의 영양소를 모두 갖춘 식재료이다. 여름철 식재료로 열을 낮춰주는 역할을 한다.
55	라이스페이퍼	얇은 시트로 쌀가루와 물로 만들고 건조시킨 국수의 한 종류이다. 베트남 음식을 만들 때 주로 쓰이는 식재료이다.
56	올리고당	포도당에 과당이 결합한 것으로, 설탕과 비슷한 단맛을 내면서도 칼로리는 설탕의 75% 정도다. 70도 이상에서 오랫동안 가열하면 단맛이 없어진다. 식이섬유가 풍부하여 장운동을 활발하게 도와준다.
57	마카로니, 파스타	원료가 되는 듀럼밀은 밀가루에 비해 단단하다. 양질의 단백질, 철, 비타민, 칼륨, 식이섬유를 함유하고 있고 부드럽게 가열조리하는 것이 좋다.
58	사과	영양가가 높고 비타민, 미네랄이 풍부하여 콜레스테롤 배출에 효과가 있다. 폴리페놀이 포함된 껍질을 통째로 주는 것이 좋다.
59	바나나	열량이 백미의 약 3분의 1이면서도 포도당, 과장, 자당 등의 당질이 함유되어 있어 에너지가 길게 지속되어 든든함을 느낄 수 있다. 바나나는 면역력을 향상시키는 데 도움을 주나, 칼륨을 많이 함유하여 심질환이나 신장질환의 우려가 있는 반려동물은 조절이 필요하다.

60	블루베리	비타민C와 안토시아닌이 풍부하고 항산화 효과가 있으며 눈건강에 좋다. 열량이 낮고 식이섬유도 풍부하여 다이어트에 좋고 뇌세포와 망막세포의 노화방지에도 효과가 있다.
61	크랜베리	혈중 콜레스테롤을 떨어뜨리고 강력한 항산화제 역할을 해, 심장건강에 좋다. 생크렌베리와 건크렌베리 두 가지 모두 사용할 수 있다. 신 맛이 강하다. 키나산은 요로감염 완화에 효과가 있어 결석을 예방한다.
62	파인애플	섬유소질이 풍부하고, 단 맛이 풍부한 과일이다. 다른 과일에 비해서는 칼로리가 높지 않다. 소화가 잘되고, 피로회복에 좋은 비타민B1이 풍부하다.
63	배	수분이 풍부하다. 고혈압을 예방하는 칼륨, 변을 보는 횟수를 조정하는 소르비톨 등을 함유하여 신진대사를 촉진한다.
64	수박	리코핀의 항산화 작용 외에도 칼륨의 이뇨작용이 있다. 몸을 차게 하는 식재료이다.
65	양배추	비타민 C가 풍부하다. 특히 비타민C는 심 가까이나 바깥잎 쪽에 더 많이 함유되어 있다. 위장을 보호해주는 건강식으로 우수한 식재료이다.
66	브로콜리	비타민과 미네랄을 균형있게 함유한 녹황색채소이다.
67	고구마	감자류 중 식이섬유가 가장 풍부하다. 60% 이상이 수분으로 이루어져 있어 수분섭취에도 도움을 준다.
68	감자	밥의 3배에 달하는 비타민B1이 함유되어 있지만, 열량은 그의 반 정도이다. 혈당치가 쉽게 오를수 있어, 양상추 등과 함께 먹으면 좋다.
69	당근	녹황색채소 중 카로틴 함유량이 가장 높다. 항상화작용이나 면역력 향상을 기대할 수 있다. 껍질에 가까울수록 영양가가 풍부하다.
70	토마토	카로틴의 한 종류인 리코핀이 풍부하여, 항산화 작용에 도움을 준다. 강아지에게 급여 시 완숙된 토마토를 가열조리하여 주는 것이 좋다.
71	파프리카	피망보다 영양가가 높고, 피로회복이나 중성지방 분해에 좋은 식재료이다.
72	표고버섯	항종양 작용이 있는 '렌틴난'이라는 물질을 함유하고 있다. 칼슘의 흡수를 돕고 비만을 방지하는 비타민D와 비슷한 역할을 하는 에르고스테린이라는 물질을 함유하고 있다.
73	파슬리	항산화 작용이 있는 카로틴이나 면역력을 높이는 비타민C가 풍부하다. 피부강화, 안질환 예방, 혈액정화에도 도움을 준다.
74	무순	카로틴, 비타민C, 비타민K, 철이나 칼슘을 많이 포함하고 있다. '기적의 호르몬'으로 주목받는 멜라토닌 생성을 촉진하는 효과가 있다. 빈혈예방, 항산화작용, 면역력향상 등에 도움을 준다. 새싹류 중 가장 구하기 쉽다.
75	새싹 채소	카로틴, 비타민류, 미네랄이 풍부하고 식이섬유나 단백질 등도 포함한 고영양 식재료이다. 콜레스테롤을 낮추거나 체내 해독능력을 활성화 한다.
76	단호박	암예방에 효과가 있는 b-카로틴 외에도 항산화나 혈행을 촉진하고 피부를 건강하게 보호하는 비타민도 풍부하게 함유되어 있다.

77	팽이버섯	비타민B1, B2, 식이섬유, 니아신이 풍부하다. 피부를 튼튼하게 보호하는 항종양작용, 심장기능 개선 등에 효능이 있다.
78	시금치	칼슘, 철분이 풍부해서 소량을 먹으면 강아지에게 도움을 줄 수 있지만 다량 섭취할 경우 시금치에 있는 수산이 몸 속의 칼슘과 결합하여 신장, 요도에 결석을 가져올 수 있다. 익혀먹으면 수산성분을 줄일 수 있어 가열조리해야 한다.
79	적양배추	보라색의 안토시아닌 성분이 풍부하여 항산화작용을 하고, 칼륨이 많이 들어 있어 노폐물 및 독소 배출에 도움을 준다. 소화를 돕고 장의 기능을 회복시키는 비타민U와 비타민K가 풍부하다.
80	방울토마토	크기가 작아 반려동물용으로 주기 편리하며, 열량이 낮고 식이섬유가 풍부하여 변비예방에 좋다. 라이코펜 성분이 다량 함유되어 항산화작용과 함께 혈중 콜레스테롤 수치를 낮춰주는 데 도움을 준다.
81	비트	빨간 무이다. 베타인이라는 색소가 포함되어 있어 세포손상을 억제하고 토마토의 8배에 달하는 항산화작용을 한다.
82	애호박	식이섬유가 풍부한 저칼로리 재료이다. 베타카로틴, 비타민A, 비타민C, 비타민E, 칼륨, 엽산이 풍부하다. 부드러워 소화가 잘되는 식재료로, 피모건강, 면역력강화, 혈액순환에 좋다.
83	표고버섯	칼륨과 식이섬유, 비타민D가 풍부하다. 변비예방, 칼슘흡수, 면역력증가, 항암효과가 있으며 많이 먹을 경우 위에 부담을 줄 수 있다.
84	자색고구마	식이섬유가 많아 배변활동에 도움을 주고, 비타민C, E와 베타카로틴, 안토시아닌 성분이 많아 노화예방과 면역기능을 높여주는 데 도움이 된다.
85	밤	탄수화물이 주 성분이므로, 많이 먹으면 살이 찔 수 있다. 영양이 골고루 들어가 있어, 병후 회복에 좋다.
86	청경채	몸을 차게 하는 성질이 있고, 데치면 비타민A가 증가하므로 익혀 조리하는 것이 좋다. 노화방지나 변비예방에 좋은 식재료이다.
87	셀러리	비타민C가 풍부하고, 면역력강화, 감기예방 등에 효과가 있으며 칼로리가 낮고 섬유질이 많아 다이어트나 변비예방에도 도움을 준다. 강한 향이 나므로 조리 시 주의한다.
88	콩나물	대부분 수분으로 구성, 단백질이나 비타민, 미네랄을 적당히 함유하고 식이섬유도 풍부하다. 콜레스테롤을 낮추고 변비해소에 효과적이다.
89	양상추	락투코피크린에는 가벼운 진정작용이 있다. 몸을 차게 하는 성질이 있어, 겨울철에는 많이 먹이지 않는 것이 좋다.
90	무	아밀라아제라는 소화효소가 풍부하여 식욕부진과 거북함을 해소해주고, 소화흡수도 잘된다. 아밀라아제 자체는 열에 약해 갈아먹거나 생으로 먹는 것이 더 좋다. 무말랭이를 이용하는 것도 좋은 방법이다.

91	우엉	수용성과 불용성의 식이섬유가 풍부, 변비해소나 암예방을 기대할수 있다. 이눌린 성분은 장내의 세균을 없애주는 역할을 한다.
92	연근	몸을 따뜻하게 하고 피로회복, 피부를 좋게 한다. 탄닌성분이 있어 감기에도 좋다.
93	가지	나스닌이라는 보라색 색소가 있어, 헌기증이나 고혈압 개선 등에 도움을 준다. 가열조리하는 것이 좋다.

02

반려동물 집밥 레시피:
자연식

Chicken
닭

1. 치킨 파에야

◆ 닭가슴살 150g, 방울토마토 4개, 양배추 40g, 파프리카 20g, 브로콜리 30g, 강황 5g, 귀리 30g, 쌀 60g, 물 300g, 식물성 오일, 파슬리 **(총 383kcal)**

Tip

1. 닭가슴살은 큼직하게 썰어준다.
2. 파프리카는 작게 준비한다.
3. 방울토마토, 양배추, 브로콜리는 큼직하게 썰어준다.
4. 팬에 닭가슴살을 볶아준다.
5. 팬에 준비해놓은 파프리카, 방울토마토, 양배추, 브로콜리를 함께 볶는다.
6. 쌀과 귀리, 강황을 ⑤에 넣고 볶은 다음, 물 300g을 넣고 뒤적인다.
7. ⑥에 볶은 닭가슴살을 올리고 뚜껑을 덮어 센 불에서 2분, 중간 불에서 7분, 약한 불에서 7분 정도 익힌다. 뚜껑을 덮고 5분 정도 뜸들인다.

파에야는 스페인 전통 요리로 프라이팬에 고기, 해산물, 채소를 넣고 볶은 후 물을 부어 끓이다가 쌀을 넣어 익힌 요리입니다. 파에야의 장점은 요리에 들어가는 식재료를 기호도에 따라, 상황에 따라 넣을 수 있다는 점입니다. 반려동물 레시피로 응용할 경우에는 레시피에서 사용된 쌀이나 귀리의 양을 줄이고, 고기나 야채를 더 넣어도 괜찮아요. 비만한 아이들은 야채를 많이, 고양이에게 급여 시에는 강아지용보다 고기를 더 많이 급여해도 좋습니다. 파에야에 들어가는 샤프란 대신 우리 레시피에서는 강황을 넣었는데요, 강황은 몸을 따뜻하게 하고 혈액순환을 촉진시켜 주는 역할을 해요. 향이 강하니 소량만 사용해주시고, 혹 임신한 동물에게는 사용하지 않는 것이 좋습니다. 강황은 약간의 쓴맛이 있어 색상이 비슷한 단호박 파우더를 이용할 수도 있어요.
자연재료가 낯선 친구들은 재료를 다져서 만들어 주세요.

중성화한 반려동물	반려견 3~5kg	반려견 10~12kg	반려견 17~20kg	반려묘 5kg
1회 급여량	128~176kcal	296~344kcal	464~536kcal	132kcal
집밥레시피	0.4배 분량	1배 분량	1.3배 분량	0.35배 분량

Chicken Skewers

2. 닭꼬치

◆ 닭가슴살 250g, 당근 40g, 브로콜리 30g, 달걀 1개, 쌀가루 30g, 빵가루 40g, 꼬치, 파슬리 소량
(총 568kcal)

ㅣ. 닭가슴살은 분쇄기를 사용하여 갈아준다.
2. 당근과 브로콜리는 작게 다진다.
3. ①과 ②를 섞은 다음, 달걀과 쌀가루를 넣고 잘 치댄다.
4. 완자 모양으로 빚은 다음, 빵가루에 굴린다.
5. 180도로 예열된 오븐에서 20분 정도 굽는다.
6. 완성된 완자를 꼬치에 끼워 마무리한다.

Tip

닭고기의 양이 많이 들어간 만큼 칼로리가 높아요. 닭꼬치는 주식보다는 간식이 더 좋겠죠. 닭가슴살, 브로콜리, 당근은 반려동물 자연식을 만드는데 가장 많이 사용하는 식재료입니다. 이 익숙한 재료에 빵가루를 살짝 입혀주면, 식감이 바삭해져서 씹는 재미가 있습니다.
완자 모양으로 빚을 때 단단하게 만들어야, 꼬치에 끼울 때 부서지지 않아요.
꼬치에 꽂아 만들면 외출시에 간편하게 가지고 나갈 수 있어요.

중성화한 반려동물	반려견 3~5kg	반려견 10~12kg	반려견 17~20kg	반려묘 5kg
1회 급여량	128~176kcal	296~344kcal	464~536kcal	132kcal
집밥레시피	0.3배 분량	0.6배 분량	0.9배 분량	0.2배 분량

Chicken Steak

3. 치킨 스테이크

◆ 닭다리살 정육 250g, 감자 50g, 단호박 30g, 방울토마토 60g, 어린 잎 10g, 식물성오일 (소스) 캐롭 15g, 전분 30g, 물 **(총 526kcal)**

1. 감자는 웨지 모양으로 썰어, 끓는 물에 살짝 데친 다음 팬에 서 볶는다. 단호박도 모양대로 썰어 볶는다. 방울토마토도 함 께 익힌다.

2. 닭다리살은 깨끗하게 씻어 겉면에 전분을 묻혀 팬에서 바삭 하게 익혀준다.

3. 냄비에 캐롭과 물을 넣고 끓이다가, 전분을 넣어 걸쭉하게 소 스를 만든다.

4. 그릇에 익힌 닭정육과 익힌 감자, 단호박, 방울토마토를 올리 고 어린 잎으로 장식하고, 소스를 뿌려 완성한다.

Tip

치킨스테이크는 보호자도 탐내는 메뉴 이지요. 닭다리 정육은 필수아미노산 이 풍부하고, 저지방, 저칼로리인 닭고 기는 식감도 좋아, 남녀노소 인기있는 식재료입니다. 닭에 함유되어 있는 아 라키돈산에 알러지 반응을 일으키는 반려견이라면, 오리다리살 정육이나, 오리가슴살로 대체해도 좋습니다.

닭다리살 정육은 껍질 부분부터 팬에 익혀주세요. 팬에 고기가 달라붙는 것 을 방지합니다.

중성화한 반려동물	반려견 3~5kg	반려견 10~12kg	반려견 17~20kg	반려묘 5kg
1회 급여량	128~176kcal	296~344kcal	464~536kcal	132kcal
집밥레시피	0.3배 분량	0.6배 분량	1배 분량	0.2배 분량

Chicken Breast Salad

4. 닭가슴살 샐러드

◆ 닭가슴살 150g, 오이 30g, 달걀 1개, 양배추 30g, 당근 20g, 현미 20g, 파프리카 15g, 참기름, 물
　(총 298kcal)

Tip

1. 닭가슴살은 끓는 물에 넣고 삶아 잘 찢어준다.
2. 양배추는 길이로 채썰어 찬물에 넣어 쓴 맛을 제거한다.
3. 당근, 파프리카는 작게 다진다.
4. 오이는 편으로 썰어 준비한다.
5. 달걀은 삶아서 으깨준다.
6. 현미는 끓는 물에 데쳐 준비한다.
7. 준비한 재료는 수분을 제거하고, 볼에 모든 재료와 참기름을 넣고 잘 버무려준다.

닭가슴살 샐러드는 비만한 아이들이 다이어트 하기에 그만인 자연식입니다. 양배추, 현미는 섬유질도 많이 들어 있고, 디톡스 효과가 있는 야채로 알려져 있어, 독소 제거에 효과적입니다. 다른 메뉴들보다 조금 더 많이 먹을 수 있어, 식탐이 있는 반려동물들이 부담없이 배를 채울 수 있는 메뉴입니다. 참기름 향이 강하면, 올리브유로 대체하거나 생략해도 괜찮습니다.

모든 재료는 수분을 잘 제거해주세요. 채소를 싫어한다면, 작게 다져주는 것도 좋아요.

중성화한 반려동물	반려견 3~5kg	반려견 10~12kg	반려견 17~20kg	반려묘 5kg
1회 급여량	128~176kcal	296~344kcal	464~536kcal	132kcal
집밥레시피	0.5배 분량	1배 분량	1.8배 분량	0.4배 분량

Chicken Rice Porridge

5. 닭죽

◆ 닭가슴살 200g, 쌀 70g, 애호박 50g, 당근 40g, 대추 10g, 밤 20g, 달걀 1개, 참기름, 물 **(총 395kcal)**

 1. 닭가슴살은 통째로 끓는 물에 넣고 익힌
   다음, 큼직하게 썰어준다.
2. 애호박, 당근, 대추, 밤은 작게 다진다.
3. 냄비에 쌀과 참기름을 넣고 볶은 다음 물
   을 넣고 저어준다.
4. ①과 ②를 넣고 뭉근히 끓인다.
5. ④에 달걀을 풀어 마무리 한다.

Tip

닭죽은 보양식으로 반려견, 반려묘 할 것 없이 기호도가 참 좋은 자연식입니다. 닭가슴살 대신 닭 정육(통닭)이나, 닭발로 대체하거나 추가해도 좋아요. 씹히는 식감이 더 다양해집니다. 닭으로 자연식을 만들 때 주의해야 할 점은 뼈가 들어가지 않게 잘 관리하는 것입니다. 닭, 오리 등 가금류의 뼈들은 익히면 뼈가 뾰쪽하게 깨져 잘못 먹으면 다칠 수 있기 때문에 주의해주셔야 해요. 보통 보호자를 위한 죽들은 찹쌀을 이용하기도 하는데, 반려동물은 곡물 탄수화물을 잘 소화하지 못하니 찹쌀은 사용하지 말고, 곡물도 소량으로 사용해주세요. 반려묘를 위한 자연식이라면 밥의 양을 줄여주세요.
냄비 바닥에 쌀이 눌러 붙을 수 있으므로 저어가며 끓여주세요.

중성화한 반려동물	반려견 3~5kg	반려견 10~12kg	반려견 17~20kg	반려묘 5kg
1회 급여량	128~176kcal	296~344kcal	464~536kcal	132kcal
집밥레시피	0.4배 분량	0.8배 분량	1.3배 분량	0.3배 분량

Chicken Breast Potato Cake

6. 닭가슴살 감자 케이크

◆ 닭가슴살 250g, 감자 250g, 계란 노른자 40g, 연어 파우더 30g, 쌀가루 30g, 파슬리, 코코넛 슬라이스
(총 737kcal)

1. 닭가슴살은 분쇄기로 갈아 준비한다.
2. 감자는 삶아서 으깨준 다음, 계란 노른자와 쌀가루를 섞어준다.
3. ②에 쌀가루와 닭가슴살 분쇄육 150g을 넣고 반죽한다.
4. 무스링 바닥에 면보를 깔고 ③을 넣고, 남겨놓은 닭가슴살 분쇄육 100g을 올려준다.
5. 찜기에 김이 오르면 20분 정도 쪄준다.
6. 무스링과 면보를 제거하고 윗면에 연어파우더 및 각종 토핑을 올려 장식한다.

Tip

고칼로리, 고단백 메뉴랍니다. 닭가슴살 감자 케이크는 생일날 같이 특별한 날에 특별식으로 급여해주세요. 케이크 위에 올라가는 연어파우더는 생연어를 얇게 썰어 식품 건조기에 70도로 13시간 이상 건조한 후 분쇄기로 갈면 완성됩니다.
무스링을 사용할 때는 완성 후에 달라붙을 수 있으므로, 사용 전 붓으로 기름칠을 해주거나 랩을 씌워 사용해주세요.

중성화한 반려동물	반려견 3~5kg	반려견 10~12kg	반려견 17~20kg	반려묘 5kg
1회 급여량	128~176kcal	296~344kcal	464~536kcal	132kcal
집밥레시피	0.2배 분량	0.4배 분량	0.7배 분량	0.2배 분량

Duck
오리

Duck Meat Roll

7. 오리고기 말이

◆ 오리가슴살 250g, 두부 100g, 당근 40g, 양송이 30g, 양배추 40g, 브로콜리 30g, 식물성오일
(총 500kcal)

1. 두부는 막대 모양으로 썰어 물기를 제거한다.
2. 당근과 양배추는 채썰어 준비한다.
3. 양송이와 브로콜리는 작게 다진다.
4. 오리가슴살을 넓게 저며 고기망치로 잘 두드려 펴준다.
5. ④에 나머지 재료를 넣고 돌돌 말아 고정시킨다.
6. 팬에 기름을 두르고 구워낸다.

Tip

불포화지방산이 풍부한 오리고기는 닭고기보다 고소한 맛을 냅니다. 피부건강, 기력회복, 혈중 콜레스테롤을 낮추어 혈관질환 예방에 좋은 식재료로 알려져 있지요. 오리고기는 닭고기 다음으로 반려동물 자연식, 간식용으로 많이 사용되는 식재료입니다. 지방산이 많이 함유되어 있어, 다른 육류보다도 잘 상할 수 있으니 보관에 유의하셔야 합니다. 냉동고기를 구매 후 사용할 만큼만 냉장해동해서 그때그때 사용하시는 것이 가장 좋습니다.
오리 가슴살을 얇게 잘라줘야 예쁜 고기 말이를 만들 수 있어요. 모양을 잡기 어려울 때는 김발을 이용하는 것도 좋아요.

중성화한 반려동물	반려견 3~5kg	반려견 10~12kg	반려견 17~20kg	반려묘 5kg
1회 급여량	128~176kcal	296~344kcal	464~536kcal	132kcal
집밥레시피	0.3배 분량	0.6배 분량	1배 분량	0.2배 분량

Duck Meat Pasta

8. 오리고기 파스타

◆ 오리안심 130g, 푸실리 40g, 방울토마토 45g, 무 30g, 양송이 20g, 메추리알 2개, 식물성오일, 물
　(총 267kcal)

1. 무는 깍뚝썰기하고, 양송이는 편으로 썬다.
2. 메추리알은 끓는 물에 삶아 껍질을 제거한다.
3. 푸실리는 끓는 물에 삶아 익힌다.
4. 오리안심은 한입 크기로 썰어 준비한다.
5. 팬에 오리안심, 푸실리를 넣고 볶다가 나머지 재료를 넣고 함께 볶는다.

Tip

푸실리는 파스타면의 일종으로 꼬불꼬불, 돌돌, 나사 모양으로 말린 면입니다. 주로 샐러드나 파스타로 요리합니다. 반려동물이 밀가루 알러지가 있는 경우에는 글루텐프리 푸실리로 사용해주세요. 일반 파스타면이나 스파게티면을 사용하실 경우에는 면을 먹기 좋게 짧게 끊어주시는 것이 좋습니다. 파스타면은 소화시키기 좋게 푹 익혀서 급여해주세요.

중성화한 반려동물	반려견 3~5kg	반려견 10~12kg	반려견 17~20kg	반려묘 5kg
1회 급여량	128~176 kcal	296~344kcal	464~536kcal	132kcal
집밥레시피	0.6배 분량	1.2배 분량	2배 분량	0.4배 분량

Duck Meat chilled vegetables

9. 오리고기 냉채

◆ 오리가슴살 150g, 파프리카 30g, 콩나물 30g, 양배추 30g, 당근 20g, 물 (총 250kcal)

1. 콩나물은 끓는 물에 데쳐 준비한다.
2. 나머지 채소 재료는 길게 채썬다.
3. 끓는 물에 ②를 넣고 재료별로 각각 데친다.
4. 오리가슴살은 가로 방향으로 둥글게 썰어 팬에 굽는다.
5. 준비한 재료를 둥글게 담아낸다.

Tip

재료 본연 그대로의 맛을 즐길 수 있는 자연식이예요. 생으로도 먹을 수 있는 야채들은 반려동물이 소화시키기 좋고 영양소들이 덜 파괴되게, 살짝 데쳐서 사용했어요. 만약, 우리 아이가 평소에 잘 소화를 시키지 못한다면, 야채와 오리고기도 잘게 다져 급여해주셔도 좋습니다. 오리고기 냉채는 비만한 아이들이 체중관리를 할 때 급여해주시면 좋습니다. 칼로리가 비교적 낮아 조금 더 먹어도 되니까요.
그릇에 담아낼 때는 각 재료마다 수분을 제거해주세요.

중성화한 반려동물	반려견 3~5kg	반려견 10~12kg	반려견 17~20kg	반려묘 5kg
1회 급여량	128~176kcal	296~344kcal	464~536kcal	132kcal
집밥레시피	0.7배 분량	1.3배 분량	2.1배 분량	0.5배 분량

Steamed Pumpkin & Duck Meat

10. 단호박 오리고기 찜

◆ 단호박 1개, 오리안심 150g, 밤 30g, 방울토마토 40g, 브로콜리 30g, 파프리카 40g, 코티지치즈 10g, 파슬리 **(총 419kcal)**

재료

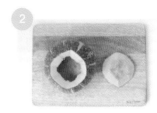

1. 재료는 큼직하게 썰어 팬에 한번 볶는다.
2. 단호박은 윗둥을 자르고 씨를 제거하여 그릇 모양으로 만들어준다.
3. ②에 ①의 재료를 넣고 찜기에 김이 오르면 30분 정도 익힌다.
4. 코티지치즈와 파슬리를 뿌려 마무리 한다.

Tip

단호박은 풍부한 영양에 비해 열량이 낮고, 식이섬유가 풍부하여 소화를 돕는 식재료입니다. 반려동물에게 꼭 필요한 영양소 중 비타민과 무기질은 균형에 맞지 않은 자연식을 만드는 경우에 부족할 수 있습니다. 단호박은 각종 비타민과 무기질이 풍부하게 함유되어 있어, 반려동물 자연식을 만들 때 많이 사용하는 식재료 중에 하나입니다. 특히 지용성인 베타카로틴의 함량이 높아, 육류와 요리하면 체내 흡수율이 높고 단호박과 오리안심으로 간단하게 보양식을 만들 수 있습니다.

단호박이 잘 익었는지 확인하고, 급여 시에는 잘 섞은 다음 비벼서 급여해주셔야 먹기 쉽고, 소화가 잘 됩니다.

중성화한 반려동물	반려견 3~5kg	반려견 10~12kg	반려견 17~20kg	반려묘 5kg
1회 급여량	128~176kcal	296~344kcal	464~536kcal	132kcal
집밥레시피	0.4배 분량	0.8배 분량	1.2배 분량	0.3배 분량

Duck Meat Caprese

11. 오리고기 카프러제제

◆ 단호박 1개. 오리안심 150g. 밤 30g. 방울토마토 40g. 브로콜리 30g. 파프리카 40g. 코티지치즈 10g. 파슬리 **(총 419kcal)**

1. 오리가슴살은 가로 방향으로 둥글게 썰어 팬에 굽는다.
2. 토마토는 두께 0.5cm로 둥글게 슬라이스 한 다음, 씨를 제거한다 .
3. 애호박도 두께 0.5cm로 둥글게 썰어 팬에 구워준다.
4. 두부는 끓는 물에 끓여 염분을 제거하고 네모 모양으로 썰어 물기를 제거한다.
5. 팬에 기름을 두르고 두부, 애호박, 토마토를 구워준다.
6. 썰어놓은 오리고기도 따로 굽는다.
7. 냄비에 우유와 식초를 넣고 코티지치즈를 만든다.
8. 그릇에 오리고기, 토마토, 코티지치즈, 애호박 순으로 담아준다.
9. 냄비에 물과 캐롭, 전분을 넣고 소스를 만들어 끼얹어 준다.

Tip

카프레제는 이탈리아 카프리섬의 샐러드로, 토마토와 부드러운 치즈, 채소를 곁들여 먹는 건강식입니다. 토마토에는 구연산, 사과산, 호박산, 아미노산, 루틴, 단백질, 당질, 회분, 칼슘, 철, 인, 비타민 A, 비타민 B1, 비타민 B2, 비타민 C, 식이섬유 등 비타민과 무기질이 풍부히 들어있는 우수한 식품이지요.
오리가슴살은 단백질 함량이 높고 칼로리가 낮은 불포화지방산 함량이 높아, 노령견, 노령묘에게 고소한 맛과 함께 기력회복에도 도움이 되는 보양식으로, 인기 있는 식재료입니다.

중성화한 반려동물	반려견 3~5kg	반려견 10~12kg	반려견 17~20kg	반려묘 5kg
1회 급여량	128~176kcal	296~344kcal	464~536kcal	132kcal
집밥레시피	0.5배 분량	1배 분량	1.5배 분량	0.4배 분량

Duck Meat Rice Soup

12. 오리 국밥

◆ 오리발 500g, 오리안심 150g, 쌀국수 40g, 어린 잎 10g, 무 50g, 물 **(총 546kcal)**

1. 오리발은 깨끗하게 세척한 뒤 냄비에 오리발이 잠길 정도로 물을 넣고 한번 끓여준다.

2. 끓어오르면 불순물이 나온 물은 버리고, 오리발과 냄비를 헹군 후, 물을 냄비에 가득 붓고 약불로 4시간 정도 끓여준다.

3. 오리발에 있는 뼈를 제거한다.

4. ②의 오리곰탕에 오리안심과 뼈를 발라낸 오리발살, 무를 넣고 끓여준다.

5. 쌀국수는 미리 물에 불려놓은 뒤 살짝 데쳐 준비한다.

6. 어린 잎과 쌀국수 면을 올려 완성한다.

Tip

오리발은 닭발보다도 살이 많이 없어서, 발라내기는 어렵지만, 반려동물들에게 기호도가 정말 좋아, 잘 먹는 것을 보시면 뿌듯하실 거예요.

오리고기는 피부건강, 기력회복, 혈관질환 예방에 도움이 되는 식재료입니다. 몸이 허할 때 우리 어머니들이 우족, 사골 등을 고아, 그 국물을 마시게 하셨죠. 오리발과 오리고기도 푹 끓여, 탕으로 먹으면 보양식으로 아주 좋아요. 4시간 이상 장시간을 끓여주기 때문에 넘치거나 타지 않게 불 조절을 해야 하는 정성이 필요합니다.

중성화한 반려동물	반려견 3~5kg	반려견 10~12kg	반려견 17~20kg	반려묘 5kg
1회 급여량	128~176kcal	296~344kcal	464~536kcal	132kcal
집밥레시피	0.3배 분량	0.6배 분량	0.9배 분량	0.2배 분량

Beef
소고기

Beef & Egg rice

13. 쇠고기 달걀 덮밥

◆ 쇠고기 80g, 달걀 2개, 팽이버섯 15g, 시금치 10g, 양배추 15g, 쌀밥 100g, 다시마육수(다시마 5x5 1장, 물 300g) **(총 250kcal)**

1. 다시마를 물에 담궈 육수를 준비한다.
2. 쇠고기는 한입 크기로 썰어 준다.
3. 달걀은 풀어서 준비한다.
4. 시금치와 팽이버섯은 먹기 좋은 크기로 썰어준다.
5. 양배추는 얇게 채썰어준다.
6. 팬에 쇠고기를 볶다가 ①의 육수를 넣고 시금치와 양배추를 같이 넣어 익혀준다.
7. ⑥의 재료가 모두 익으면 풀어놓은 달걀을 부어주고 팽이버섯을 올려준다.
8. 그릇에 쌀밥을 담아 준 뒤 ⑦을 부어준다.

Tip

쇠고기는 필수아미노산이 골고루 함유되어 있어 성장과 활동에 도움을 주고 기력을 높이며 피로회복에 도움이 됩니다. 다만 쇠고기는 너무 많이 조리하면 질겨질 수 있어서, 만약 소화를 잘 못시키는 반려동물이라면 쇠고기를 잘게 다져 사용하셔도 좋습니다. 다시마, 시금치, 양배추, 팽이버섯 등 디톡스 효과가 있고, 섬유질이 많이 들어있는 식재료와 함께 조리하여, 칼로리는 비교적 낮지만 포만감 있게 식사할 수 있어, 비만한 반려동물에게 적합한 한끼 식사입니다.

다시마는 오래 끓이면 점성이 생기고 쓴 맛이 나요. 다시마는 물에 우려 사용하시거나, 끓일 경우에는 끓기 시작하면 바로 다시마를 꺼내주세요.

중성화한 반려동물	반려견 3~5kg	반려견 10~12kg	반려견 17~20kg	반려묘 5kg
1회 급여량	128~176kcal	296~344kcal	464~536kcal	132kcal
집밥레시피	0.7배 분량	1.4배 분량	2.1배 분량	0.5배 분량

Roast Eggplant & Beef

14. 가지 소고기 구이

◆ 쇠고기 100g, 가지 80g, 당근 30g, 브로콜리 20g, 코티지치즈 40g, 캐롭파우더 10g, 물, 전분, 식물성 오일 **(총 181kcal)**

1. 가지는 반쪽으로 잘라 씨를 제거하여 그릇 모양으로 만들어준다.
2. 쇠고기는 분쇄기를 이용하여 갈아준다. 당근과 브로콜리는 작게 다진다.
3. ②의 재료를 섞어 잘 치대준다.
4. 가지에 ③의 재료를 담아주고, 코티지치즈를 토핑한다. 170도로 예열된 오븐에서 15분 굽는다.
5. 캐롭파우더, 물, 전분을 넣어 소스를 만들어준다.
6. 그릇에 ④를 담고 소스를 뿌려 완성한다.

Tip

구우면 씹는 식감이 좋은 가지는 수분을 많이 함유하고 있고, 칼슘, 철분 등 무기질이 비교적 많이 들어 있습니다. 몸을 차게 해주는 채소로 여름에 사용하면 좋은 채소입니다.

꼭지 끝이 싱싱하고 모양이 곧고 표면은 선명한 보라빛으로 광택이 나는 것이 신선한 가지입니다. 가지를 반으로 잘라 안쪽 씨를 제거할 때는 숟가락이나 포크를 이용하시고, 너무 센 힘으로 긁어내면 구멍이 나니, 힘 조절을 잘해주세요.

토핑으로 올라가는 코티지치즈(반려동물 집밥레시피 1권, p. 179 참조)는 우유를 끓인 후 식초나 레몬즙, 산으로 우유 단백질을 응고시켜 나온 유청(유당, 젖당 포함)을 분리하여 사용합니다.

중성화한 반려동물	반려견 3~5kg	반려견 10~12kg	반려견 17~20kg	반려묘 5kg
1회 급여량	128~176kcal	296~344kcal	464~536kcal	132kcal
집밥레시피	0.9배 분량	1.9배 분량	2.9배 분량	0.7배 분량

Beef & Sweet Potatoes Cheese Cutlet

15. 쇠고기 고구마 치즈까스

◆ 쇠고기 150g, 고구마 60g, 빵가루 35g, 코티지치즈 30g, 식물성오일, 우유 15g, 달걀 1개, 쌀가루 20g
(총 483kcal)

1. 쇠고기는 고기망치로 두드려준다.
2. 고구마는 찐 다음 으깨서, 우유를 넣어 부드럽게
   만들어준다.
3. 코티지치즈를 만든다.
4. ①의 쇠고기에 쌀가루, 달걀, 빵가루 순으로 튀김
   옷을 입혀 오븐에 구워준다. 180도로 예열한 오
   븐에서 20분 굽는다.
5. ④를 그릇에 담고 코티지치즈를 올리고, 짤주머
   니를 이용해 고구마무스를 짜서 완성해준다.

Tip

보통 돈가스는 고기에 빵가루를 입혀 기름에 튀깁니
다. 돼지고기 대신 쇠고기에 빵가루를 입혀 오븐에
구워, 바삭함은 유지하고 칼로리는 돈가스보다 낮추
었습니다.
오븐이 없다면, 에어프라이나 후라이팬을 달궈 고기
를 넣고 뚜껑을 덮어 익혀주셔도 좋아요. 고기망치로
고기를 너무 세게 두드리면 고기가 찢어질 수 있으니
주의해주세요.

중성화한 반려동물	반려견 3~5kg	반려견 10~12kg	반려견 17~20kg	반려묘 5kg
1회 급여량	128~176kcal	296~344kcal	464~536kcal	132kcal
집밥레시피	0.3배 분량	0.7배 분량	1.1배 분량	0.2배 분량

Beef & a Green Pumkin

16. 쇠고기 애호박선

◆ 쇠고기(다짐육) 130g, 애호박 100g, 두부 80g, 달걀 1개, 파프리카 20g **(총 403kcal)**

1. 쇠고기는 다져서 준비한다. 두부는 염분을 제거하고 으깨서 쇠고기와 섞는다.
2. 애호박은 5cm 정도로 썰어 속을 파준다.
3. ②에 ①을 채워 준다.
4. ③을 찜기에 넣고 쪄준다.
5. 달걀은 황백으로 나누어 지단을 부쳐준 다음, 채 썰어 준비한다.
6. 파프리카도 얇게 채썬다.
7. 익힌 호박선에 ⑤와 ⑥의 고명을 올려 완성한다.

Tip

풍부한 섬유소와 비타민, 미네랄을 함유하고 있는 애호박은 칼로리가 낮아 다이어트 식품으로도 딱이지요. 뜨거운 한여름 태양 아래서 쑥쑥 자라는 호박은 더운 여름철의 제철채소입니다. 여기에 풍미 좋은 소고기를 함께 요리하면, 맛과 건강, 모두를 지켜줍니다.
두부의 염분을 제거할 때는 끓는 물에 데쳐주세요. 다짐육과 섞을 때 두부가 뜨거우면 고기가 익을 수 있으니 한김 식힌 후 섞어주세요.

중성화한 반려동물	반려견 3~5kg	반려견 10~12kg	반려견 17~20kg	반려묘 5kg
1회 급여량	128~176kcal	296~344kcal	464~536kcal	132kcal
집밥레시피	0.4배 분량	0.8배 분량	1.3배 분량	0.3배 분량

Beef GangJorim

17. 쇠고기 장조림

◆ 쇠고기 130g, 메추리알 5개, 시금치 15g, 무 50g, 캐롭, 물 **(총 321kcal)**

재료

1. 메추리알은 끓는 물에 삶아 껍질을 벗긴다.
2. 무는 큐브 모양으로 썬다.
3. 시금치는 적당한 크기로 썰어준다.
4. 냄비에 물을 넣고 쇠고기를 익힌 다음 결대로 찢어 준비한다.
5. 모든 재료를 한 냄비에 넣고 캐롭과 물을 넣어 뭉근히 조려준다.

Tip

각각의 재료는 한입 크기로 준비해주세요. 메추리알 대신 달걀을 사용해도 좋지만, 달걀을 급여하실 때는 잘라서 급여해주세요.

캐롭파우더는 초콜릿, 코코아향이 나는 콩과의 열매로 무기질, 칼슘 함량이 많아, 반려동물 자연식에 어두운 색을 낼 때 자주 사용하는 식재료입니다. 국내에서는 재배되지 않기 때문에 해외직구로 많이 구매합니다.

중성화한 반려동물	반려견 3~5kg	반려견 10~12kg	반려견 17~20kg	반려묘 5kg
1회 급여량	128~176kcal	296~344kcal	464~536kcal	132kcal
집밥레시피	0.5배 분량	1배 분량	1.6배 분량	0.4배 분량

Beef & Vegetable Noodle

18. 소고기 채소 국수

◆ 쇠고기 100g, 달걀 1개, 두부 50g, 당근 30g, 애호박 40g, 식물성 오일 **(총 301kcal)**

 1. 당근과 애호박은 채칼로 슬라이스 한 다음, 국수
   모양으로 길게 썰어준다.
2. 쇠고기도 길이대로 길게 썰어 준다.
3. 달걀은 황, 백으로 나누어 지단을 부쳐준 다음
   길이대로 채썰어준다.
4. 두부는 큐브 모양으로 썰어 팬에 구워 준비한다.
5. 팬에 오일을 살짝 두르고, 준비한 모든 재료를
   넣고 볶아준다.

Tip

채소를 얇게 채썰 때 채칼을 사용한다면, 손을 다치지
않게 조심해주세요.
얇게 채썰은 채소는 고기와 함께 볶아주시면 소고기
의 풍미가 묻어나, 고기를 좋아하는 반려동물들도 채
소까지 깨끗이 먹는답니다.

중성화한 반려동물	반려견 3~5kg	반려견 10~12kg	반려견 17~20kg	반려묘 5kg
1회 급여량	128~176kcal	296~344kcal	464~536kcal	132kcal
집밥레시피	0.5배 분량	1.1배 분량	1.7배 분량	0.4배 분량

Beef Sushi

19. 쇠고기 초밥

◆ 쇠고기 50g, 고구마 60g, 두부 40g, 어린 잎 5g, 파프리카 15g, 당근 15g, 양배추 10g, 전분. 캐롭파우더. 물. 코코넛파우더 **(총 224kcal)**

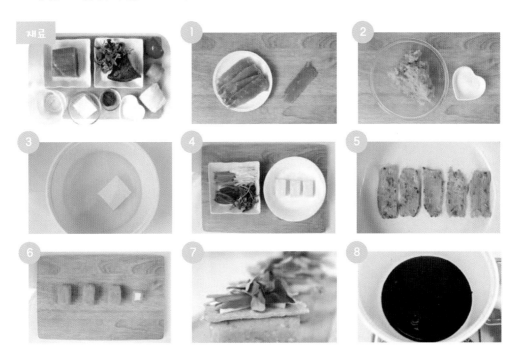

1. 쇠고기는 초밥용으로 얇게 슬라이스 한다.
2. 찐 고구마는 으깬 다음, 코코넛파우더를 넣어 잘 섞는다.
3. 파프리카, 당근, 양배추는 얇게 채썬다.
4. 두부는 끓는 물에서 염분을 제거한 다음, 쇠고기 크기로 썰어 준비한다.
5. 팬에 쇠고기는 한번 익혀 준비한다.
6. ②의 고구마무스에 두부를 넣고 초밥 모양으로 잡아준다.
7. ⑥에 익힌 쇠고기와 나머지 토핑재료를 올려서 완성한다.
8. 전분과 캐롭파우더를 이용해 소스를 만들어 주고 ⑦에 뿌려준다.

Tip

쇠고기 초밥은 소고기와 두부, 고구마가 주 재료로 들어가 식감이 부드러워 이빨이 약하고 소화능력이 떨어진 노령견이나, 칼로리가 낮아 살집이 있는 반려동물이 포만감 있게 먹을 수 있는 메뉴입니다.
만들 때 고구마를 완전히 으깨야 매끄러운 초밥을 만들 수 있습니다.

중성화한 반려동물	반려견 3~5kg	반려견 10~12kg	반려견 17~20kg	반려묘 5kg
1회 급여량	128~176kcal	296~344kcal	464~536kcal	132kcal
집밥레시피	0.7배 분량	1.5배 분량	2.3배 분량	0.5배 분량

Beef & Egg Pizza

20. 쇠고기 달걀 피자

◆ 달걀 150g, 쇠고기 80g, 고구마 40g, 당근 20g, 파슬리 1g **(총 407kcal)**

1. 달걀은 잘 풀어준다.
2. 당근을 동그란 모양으로 슬라이스 한다.
3. 쇠고기는 큐브 모양으로 썰어 준비한다.
4. 고구마는 찐 다음, 큐브 모양으로 썰어 준비한다.
5. 팬에 쇠고기를 넣고 볶다가, 당근도 함께 살짝 볶아 준다.
6. 팬에 ①의 달걀물을 부어주고, 달걀이 다 익기 전에 익혀둔 쇠고기와 당근, 고구마를 올린 다음 익혀준다.
7. 파슬리를 뿌려 마무리한다.

Tip

달걀이 많이 들어간 자연식을 반려동물에게 급여하실 때는 한번에 많은 양을 급여하지 않게 관리해주세요. 단백질 함량이 높고 자칫 달걀 노른자의 콜레스테롤이 과잉될 수 있습니다.

쇠고기 달걀 피자를 만드실 때, 예쁘게 만들기 팁!

팬에 달걀물을 올리고 달걀이 다 익기 전에 쇠고기, 당근, 고구마를 올려야 달걀에 각 재료들이 표면에 붙어 모양이 예쁘게 나옵니다. 약불에서 토핑을 올린 후 뚜껑을 덮어 익혀주시면 더 빠르게 골고루 잘 익어요.

중성화한 반려동물	반려견 3~5kg	반려견 10~12kg	반려견 17~20kg	반려묘 5kg
1회 급여량	128~176kcal	296~344kcal	464~536kcal	132kcal
집밥레시피	0.4배 분량	0.8배 분량	1.3배 분량	0.3배 분량

Pork

돼지고기

Pork Rice Noodles

21. 돼지고기 쌀국수

◆ 돼지고기 안심 100g, 쌀국수면 30g, 애호박 30g, 당근 20g, 숙주 40g **(총 146kcal)**

1. 물에 돼지고기를 넣고 끓이면서 육수를 내준다.
2. 익힌 고기는 편으로 썰어 준비한다.
3. 쌀국수면과 숙주는 살짝 데쳐 준비한다.
4. 애호박과 당근은 작게 다져 ①의 육수에 함께 넣고 끓인다.
5. 그릇에 면과 그릇, 숙주를 올리고 육수를 부어 완성한다.

Tip

보통 돼지고기가 들어가면 칼로리가 높을 것이라고 생각하시는데, 반려동물용 자연식을 만들 때 사용하는 부위는 기름이 비교적 없는 안심, 사태 등을 사용하기 때문에 건강하고 담백한 맛을 만들어냅니다. 더운 여름철 보양식으로 돼지고기 육수로 만들기 간단한 쌀국수를 만들어보았어요.
면과 숙주의 길이가 길면 급하게 먹는 반려동물은 목에 걸릴 수 있으니 한입 크기로 가위로 잘라 급여해주세요.

중성화한 반려동물	반려견 3~5kg	반려견 10~12kg	반려견 17~20kg	반려묘 5kg
1회 급여량	128~176kcal	296~344kcal	464~536kcal	132kcal
집밥레시피	1.2배 분량	2.3배 분량	3.6배 분량	0.9배 분량

Pork Lettuce Wraps

22. 돼지고기 러터스랩

◆ 돼지고기 다짐육 100g, 양상추 50g, 파프리카 30g, 당근 20g, 표고버섯 20g, 샐러리 10g, 들깨가루 3g, 파슬리 소량 **(총 207kcal)**

1. 당근, 파프리카, 샐러리, 표고버섯은 작게 다져 준다.
2. 양상추는 그릇 모양으로 다듬어 준비한다.
3. 팬에 돼지고기 다짐육, 당근, 파프리카, 샐러리, 표고버섯을 넣고 볶아준다.
4. ③에 들깨가루를 넣어 볶아준다.
5. ④를 양상추 위에 올리고 파슬리를 뿌려준다.

Tip

레터스랩은 미국식 중식으로 보통 다진 고개를 채소와 볶아 양배추에 싸먹어요. 만들기 간편하고 플레이팅을 잘하면 요리로도 손색이 없지요.
샐러리와 표고버섯은 특유의 강한 향을 가지고 있어, 그 향을 싫어하는 반려동물이라면 빼고 만들어도 좋고, 양배추를 먹지 않는 친구들은 작게 다져 함께 볶아주는 것도 좋아요.

중성화한 반려동물	반려견 3~5kg	반려견 10~12kg	반려견 17~20kg	반려묘 5kg
1회 급여량	128~176kcal	296~344kcal	464~536kcal	132kcal
집밥레시피	0.8배 분량	1.6배 분량	2.5배 분량	0.6배 분량

Roast Pork & Shiitake

23. 돼지고기 표고버섯 구이

◆ 돼지고기 안심 120g, 표고버섯 5개(100g), 달걀 50g, 빵가루 30g, 당근 20g, 브로콜리 20g, 파슬리 소량 **(총 367kcal)**

1. 돼지고기 안심은 분쇄기에 넣고 갈아 준비한다.
2. 당근, 브로콜리는 작게 다진 다음, 돼지고기, 달걀과 함께 섞어 치대준다.
3. 표고버섯은 깨끗하게 씻어 기둥을 제거하고 ②를 30g씩 채워 준다.
4. 윗면에 빵가루를 올려준다.
5. 180도로 예열된 오븐에서 20분 정도 구워 완성한다.

Tip

돼지고기와 표고버섯은 궁합이 좋은 식재료입니다. 돼지고기는 비타민이 많아 피로회복과 기력이 쇠한 반려동물에게 에너지를 북돋아줍니다. 콜레스테롤이 많은 돼지고기를 섭취시 표고버섯을 함께 먹으면 식이섬유소가 콜레스테롤의 흡수를 지연시키는 역할을 합니다. 표고버섯은 지방이 낮고 식이섬유소가 풍부하여 다이어트 식품으로도 좋습니다.

표고버섯은 깨끗하게 세척하고 기둥을 제거한 다음, 물기를 제거하고, 고기소를 꾹꾹 눌러 모양을 잡아주어야 나중에 구웠을 때 깨지지 않고 모양이 예쁘게 나와요. 윗면에 빵가루 역시 꾹꾹 눌러주세요.

중성화한 반려동물	반려견 3~5kg	반려견 10~12kg	반려견 17~20kg	반려묘 5kg
1회 급여량	128~176kcal	296~344kcal	464~536kcal	132kcal
집밥레시피	0.4배 분량	0.9배 분량	1.4배 분량	0.3배 분량

Baked Tomato & Por...

24. 토마토 돼지고기 오븐구이

◆ 돼지고기 안심 120g, 토마토 2개, 달걀 100g, 코티지치즈 100g, 브로콜리 30g, 당근 20g, 파슬리 1g
(총 426kcal)

 1. 돼지고기는 갈아서 준비하고, 당근과 브로콜리
   는 작게 다져 고기와 함께 섞는다.
2. 토마토는 반으로 잘라 씨를 제거한다.
3. 달걀은 풀어 준비한다.
4. ①의 고기를 넣고 토마토에 2/3쯤 넣고, 나머지
   1/3에 ③의 달걀물을 넣는다.
5. ④에 코티지치즈를 올리고 파슬리를 뿌린다.
6. 180도로 예열된 오븐에서 30분 정도 굽는다.

> **Tip**
>
> 토마토는 비타민과 무기질의 풍부한 공급원이고 항산
> 화 물질을 함유하고 있지요. 세계적인 장수촌의 사람들
> 이 토마토를 많이 먹은 덕분에 장수를 누렸다는 이야기
> 도 전해지고 있습니다. 빨간 토마토에는 항산화 물질인
> 라이코펜이 더 많이 들어있어, 주먹보다 작은 완숙토마
> 토를 골라 이용하시면 단맛은 물론 모양과 색감도 더욱
> 좋아집니다.
> 토마토는 반으로 자를 때 세로면으로 절반씩 자르는 것
> 이 아니라 가로 방향으로 나누어 주어야 그릇 모양으로
> 나와 재료들을 담기에 좋습니다.

중성화한 반려동물	반려견 3~5kg	반려견 10~12kg	반려견 17~20kg	반려묘 5kg
1회 급여량	128~176kcal	296~344kcal	464~536kcal	132kcal
집밥레시피	0.4배 분량	0.8배 분량	1.2배 분량	0.3배 분량

Hawaiian BBQ

25. 하와이안 BBQ

◆ 돼지고기안심 120g, 파인애플 60g, 양배추 40g **(총 187kcal)**

1. 양배추는 찜기에 살짝 쪄서 준비한다.
2. 돼지고기는 얇게 저며 팬에 구워준다.
3. 파인애플도 함께 굽는다.
4. 돼지고기, 파인애플, 양배추를 겹겹이 쌓아 완성한다.

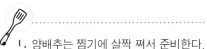

Tip

파인애플은 잎이 작고 단단한 것을 고르는 것이 좋습니다. 통조림으로 가공된 것을 사용해도 괜찮습니다. 다만, 가공된 파인애플은 화학처리를 거쳐 훨씬 부드러운 식감을 갖지만 영양성분은 크게 떨어진다고 해요.

돼지고기와 파인애플은 궁합이 좋은 식재료인데요, 돼지고기의 단백질과 비타민 B1에 파인애플의 비타민 C가 더해져 영향의 균형을 이룬다고 합니다. 단맛이 풍부한 과일이지만, 다른 과일에 비해 칼로리가 높지 않아 다이어트 시에도 섭취하면 좋은 과일이지만, 고양이들은 단맛에 대한 기호도가 낮고, 혹 단맛을 먹으면 설사를 할 수 있으므로, 하와이안 BBQ는 강아지들에게만 급여하거나, 고양이에게 급여 시에는 파인애플을 빼고 급여해주세요.

돼지고기, 파인애플, 양배추는 각각 비슷한 크기로 손질한 다음 겹겹이 쌓아야 훨씬 예쁘답니다.

중성화한 반려동물	반려견 3~5kg	반려견 10~12kg	반려견 17~20kg	반려묘 5kg
1회 급여량	128~176kcal	296~344kcal	464~536kcal	132kcal
집밥레시피	0.9배 분량	1.8배 분량	2.8배 분량	0.7배 분량

Pork Sausage

26. 돼지고기 소시지

◆ 돼지고기 안심 300g, 단호박 30g, 당근 20g, 브로콜리 10g, 시금치 10g, 아마씨 10g (총 375kcal)

1. 돼지고기는 갈아서 준비한다.
2. 당근, 브로콜리, 단호박, 시금치는 작게 다진다.
3. 볼에 ①, ②와 아마씨 파우더를 넣어 섞은 다음, 잘 치댄다.
4. 종이호일에 ③의 고기반죽을 넣고 소시지 모양을 잡는다.
5. 김이 오른 찜기에 20분 정도 쪄서 익힌다.

Tip

레시피상의 채소 이외에도 여러 가지 다른 종류의 채소를 넣어도 좋아요. 고기반죽은 잘 치댄 다음 모양을 잡아야, 완성된 후에 안에 공기구멍이 생기지 않으니 충분히 치대주세요.
간 고기는 치대면 치댈수록 식감이 쫀쫀해집니다.

중성화한 반려동물	반려견 3~5kg	반려견 10~12kg	반려견 17~20kg	반려묘 5kg
1회 급여량	128~176kcal	296~344kcal	464~536kcal	132kcal
집밥레시피	0.4배 분량	0.9배 분량	1.4배 분량	0.3배 분량

Seafood
해산물

27. 연어 하트 달걀 말이

◆ 달걀 130g, 연어 70g, 당근 30g, 애호박 20g, 브로콜리 15g, 식물성오일 **(총 259kcal)**

1. 연어는 껍질을 벗겨 곱게 다져준다.
2. 당근, 애호박, 브로콜리는 작게 다져준다.
3. 달걀은 거품기를 이용해 풀어 준 뒤 체에 한번 걸러준다.
4. ①, ②, ③을 섞어준다.
5. 후라이팬에 오일을 살짝 두른 뒤 중약불에서 계란을 익혀 말아준다.
6. 완성된 계란말이를 슬라이스한 다음, 사선으로 썰어 하트 모양으로 만들어 준다.

Tip

연어는 EPA, DHA 등 오메가3 지방산을 많이 함유하고 있고, 고혈압, 동맥경화, 심장병, 뇌졸중 등 혈관질환을 예방합니다. 관절염이나 슬개골 탈구 등 관절에 문제가 있는 반려동물에게 오메가3 지방산이 염증을 감소시킨다고 알려져, 보호자들이 요즘 반려동물에게 많이 급여하는 식재료입니다.

달걀말이를 만들 때 식물성오일은 포도씨유를 제외하고 사용하고, 달걀말이를 말아줄 때 부서지지 않게 약불에서 익혀주시면 모양이 예쁘게 살아있답니다.

중성화한 반려동물	반려견 3~5kg	반려견 10~12kg	반려견 17~20kg	반려묘 5kg
1회 급여량	128~176kcal	296~344kcal	464~536kcal	132kcal
집밥레시피	0.6배 분량	1.3배 분량	2배 분량	0.5배 분량

Salmon & Turmeric Puree

28. 연어 강황 퓨레

◆ 연어 100g, 단호박 40g, 고구마 40g, 방울토마토 30g, 브로콜리 20g, 병아리콩 15g, 강황가루 2g, 전분 2g **(총 199kcal)**

1. 단호박과 고구마는 씻어 큐브 모양으로 썰어준다.
2. 병아리콩은 씻어 불린 뒤 ①과 함께 끓는 물에 익혀준다.
3. 연어, 방울토마토, 브로콜리는 먹기 좋은 사이즈로 잘라준다.
4. 썰어놓은 연어는 팬에 한번 볶아준다.
5. 준비해 놓은 재료를 모두 냄비에 담아 물과 강황가루를 넣고 익혀준다.
6. 끓인 다음 너무 묽다면 전분을 넣어 농도를 맞춰준다.

Tip

병아리콩은 일반콩에 비해 단백질과 칼슘, 식이섬유가 풍부하지만 칼로리는 낮은 편입니다. 콩의 중간에 톡 튀어나온 부분이 병아리의 부리를 닮았다 하여 붙여진 병아리콩은 시중에서 주로 건조 상태나 통조림으로 판매가 되는 경우가 많은데, 통조림보다는 건조콩으로 사용하는 것이 좋습니다.
건조된 병아리콩은 딱딱해 금방 익지 않으므로 미리 하룻밤 정도 불린 후에 압력솥을 이용해 미리 쪄놓았다가 냉동보관해서 필요할 때 사용하면 편리합니다.

중성화한 반려동물	반려견 3~5kg	반려견 10~12kg	반려견 17~20kg	반려묘 5kg
1회 급여량	128~176kcal	296~344kcal	464~536kcal	132kcal
집밥레시피	0.8배 분량	1.7배 분량	2.6배 분량	0.6배 분량

Salmon Cake

29. 연어 케이크

◆ 연어 300g, 달걀 2개, 쌀가루 120g, 우유 60g, 식물성오일 50g **(총 871kcal)**

1. 반죽용 연어(150g)는 곱게 다져 준비한다.
2. 볼에 달걀을 풀어주고, 오일을 넣어 섞는다.
3. ②에 쌀가루와 우유, ①의 연어를 넣고 반죽을 완성한다.
4. 오븐팬에 붓으로 기름칠 한 다음, ③의 반죽을 부어 준다.
5. 토핑으로 올릴 연어(150g)를 슬라이스해 ④의 윗면에 장식해준다.
6. 180도로 예열한 오븐에서 25분 정도 굽는다.

Tip

연어와 달걀의 함량이 높아 칼로리가 높아요. 생일날 같이 특별한 날 만들어 친구들과 나눠 먹으면 좋겠죠.

오븐에 넣을 때, 오븐팬에 붓으로 기름칠을 꼼꼼히 해야 완성 후에 틀을 제거하기가 쉬워요.

오븐틀은 보통 원형 1호 사이즈를 사용하는데, 이 레시피에서는 예쁜 꽃무늬 틀로 사용했어요. 크기가 원형 1호보다는 큰 사이즈의 틀이어서 케익 원형 1호가 있다면 2개 정도 나올 분량이예요. 집에 있는 베이킹 틀 어떤 것도 상관없으니, 예쁘게 만들어보세요.

반죽의 연어는 곱게 다지지 않아도 되고, 씹는 식감을 주고 싶으시다면, 한입 크기로 썰어 넣어주셔도 됩니다.

중성화한 반려동물	반려견 3~5kg	반려견 10~12kg	반려견 17~20kg	반려묘 5kg
1회 급여량	128~176kcal	296~344kcal	464~536kcal	132kcal
집밥레시피	0.2배 분량	0.3배 분량	0.6배 분량	0.2배 분량

Trout & Soybean Milk Cream Soup

30. 송어 두유 크림 스프

◆ 무가당 두유 200g, 송어 80g, 양배추 30g, 고구마 50g, 감자 50g, 완두콩 10g, 파슬리 (**총 339kcal**)

1. 양배추, 고구마, 감자, 송어는 작은 큐브 모양으로 썰어준다.
2. 완두콩, 고구마, 감자는 끓는 물에 익혀 준비한다.
3. 송어는 팬에 한번 볶아 준비한다.
4. 냄비에 ②, ③의 재료를 모두 넣고 두유를 넣고 끓여준다.
5. 완성된 스프에 파슬리로 마무리한다.

Tip

연어과에 속하는 송어는 고단백, 고영양의 저지방 식품으로 씹는 맛이 쫄깃하고 추운 겨울 보양식으로 추천합니다. 보통 송어를 회로 먹을 때 궁합이 좋은 콩가루와 함께 먹는데요. 반려동물에게 날것을 주는 것은 많은 주의를 요하므로, 익혀서 주는 것인 만큼 비타민 A, B군이 풍부한 담백한 송어와 단백질이 많은 두유를 함께 요리해보았습니다.

첨가물이 없는 두유를 찾기가 어려우시다면 노란 콩을 삶아서 물과 함께 갈아 콩물을 만들어 주세요. 이 요리는 참 정성이 많이 들어가지요.

중성화한 반려동물	반려견 3~5kg	반려견 10~12kg	반려견 17~20kg	반려묘 5kg
1회 급여량	128~176kcal	296~344kcal	464~536kcal	132kcal
집밥레시피	0.5배 분량	1배 분량	1.5배 분량	0.3배 분량

Pollack Pancake

31. 동태전

◆ 동태 100g, 계란 1개, 쌀가루 25g, 당근 20g, 브로콜리 5g, 파슬리 가루 **(총 193kcal)**

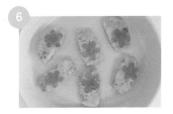

1. 당근은 감자칼을 이용해 슬라이스 해준 뒤, 꽃모양 쿠키 커터를 이용해 모양을 내준다.
2. 브로콜리는 작게 다져, 달걀물과 섞어 준비한다.
3. 동태는 제거되지 않은 가시를 깨끗하게 제거 후, 흐르는 물에 씻어 물기를 빼준다.
4. 물기가 제거된 동태에 쌀가루를 묻혀준다.
5. ②의 계란물에 담근 다음 팬에 올려 익혀준다. 모양낸 당근을 하나씩 올려 부쳐준다.

Tip

동태는 우리의 식탁에서 자주 볼 수 있는 친근한 식재료이지요. 명태를 잡아서 얼린 것을 동태라고 합니다. 단백질과 비타민 B2 등이 많이 함유되어 있어, 감기몸살에 효과가 있고 간을 보호한다고 해요.
동태전을 할 때 대부분 냉동된 동태포를 사용하시는 것이 요리하기에 편리하실 거예요. 냉동된 동태포를 사용할 경우 세척 후 수분을 잘 제거해주셔야 돼요. 구울 때 수분이 기름을 만나 튀어 화상을 입을 수 있으니 주의해주세요.

중성화한 반려동물	반려견 3~5kg	반려견 10~12kg	반려견 17~20kg	반려묘 5kg
1회 급여량	128~176kcal	296~344kcal	464~536kcal	132kcal
집밥레시피	0.9배 분량	1.7배 분량	2.7배 분량	0.6배 분량

Cod & Potato Rice

32. 대구 감자밥

◆ 대구 300g, 감자 150g, 쌀 100g, 청경채 20g (총 687kcal)

1. 대구는 손질 후 큐브 모양으로 썰어 준비한다.
2. 감자는 껍질을 벗겨 큐브 모양으로 썰어준다.
3. 청경채는 먹기 좋은 크기로 썰어 준다.
4. 냄비에 쌀과 함께 ①, ②, ③을 넣고 익혀준다.

Tip

대구는 맛이 담백하고 시원한 맛을 내 탕으로 많이 요리하죠. 그리고 대구는 지방함유량이 적고 저칼로리이기 때문에 다이어트 식재료로도 좋습니다. 대구는 저열량의 고단백 식품으로 원기회복에 도움을 주고 눈건강, 감기예방과 각종 염증치료에 도움을 줍니다.
대구를 사용할 때 살 부분만 사용해주세요. 고양이는 곡물을 잘 소화할 수 없으므로, 고양이용으로 급여하실 때는 쌀의 양을 줄이거나 빼고 조리하셔도 좋습니다.

중성화한 반려동물	반려견 3~5kg	반려견 10~12kg	반려견 17~20kg	반려묘 5kg
1회 급여량	128~176kcal	296~344kcal	464~536kcal	132kcal
집밥레시피	0.2배 분량	0.5배 분량	0.7배 분량	0.2배 분량

Steamed Cod

33. 대구찜

◆ 대구 300g, 당근 20g, 애호박 20g, 달걀 1개, 참기름 5g **(총 271kcal)**

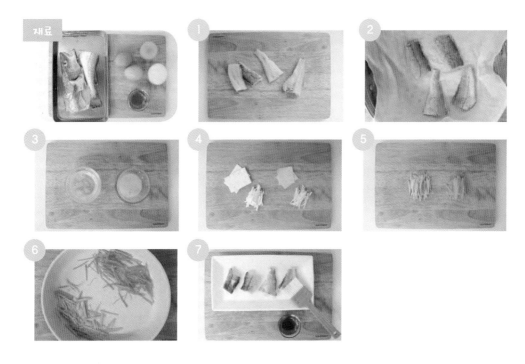

1. 대구는 손질 후 흐르는 물에 씻어 순살만 준비한다.
2. 찜기에 면보를 깔고, 김이 오르면 10분 쪄준다.
3. 계란은 노른자와 흰자를 분리해 각각 지단을 부친 다음, 채썰어 준비한다.
4. 당근과 애호박은 아주 얇게 채썰어, 팬에 볶아준다.
5. ②의 찐 대구에 참기름을 발라 ③, ④의 고명을 올려 완성한다.

Tip

채소와 함께 담백하게 먹을 수 있는 자연식입니다. 찌는 방법은 모양과 영양분을 손실없이 조리할 수 있는 방법이어서 반려동물용 자연식을 할 때 가장 손쉽게 조리할 수 있는 조리방법입니다. 담백한 다이어트 식으로 추천드려요.

대구는 가시가 억세니, 잘 제거해주세요. 반려동물의 목에 가시가 찔리게 되면 정말 위험합니다.

중성화한 반려동물	반려견 3~5kg	반려견 10~12kg	반려견 17~20kg	반려묘 5kg
1회 급여량	128~176kcal	296~344kcal	464~536kcal	132kcal
집밥레시피	0.6배 분량	1.2배 분량	1.9배 분량	0.4배 분량

Cod & Potato Gratin Tarte

34. 대구 감자 그라탕 타르트

◆ 닭가슴살 200g, 대구 150g, 우유 80g, 감자 50g, 양배추 50g, 쌀가루 40g, 스텔리네 파스타 20g, 무염 버터 10g, 슬라이스 치즈 1/2장, 코티지치즈 30g, 당근 30g, 완두콩 10g, 파슬리 **(총 706kcal)**

재료

1. 냄비에 버터, 쌀가루, 우유, 슬라이스치즈, 코티지 순으로 넣고 치즈소스를 만들어 준다.
2. 대구와 닭가슴살은 분쇄 후 섞어서 반죽한다.
3. 감자는 찐 다음, 으깨 준비하고, 스텔리네는 삶아서 준비한다.
4. 양배추와 당근은 작게 썰어 준비한다.
5. 냄비에 ①과 ③, ④를 넣고 익혀준다.
6. 머핀 틀에 오일을 바른 뒤, ②를 넣어 타르트지 모양으로 만들어 준다.
7. ⑥에 만들어둔 ⑤를 넣고 완두콩과 파슬리를 토핑한다.
8. 180도로 예열한 오븐에 30분 정도 구워 준다.

Tip

대구 감자 그라탕 타르트는 치즈와 버터, 우유가 들어가 풍미가 좋은 요리예요. 간만 한다면 보호자의 한끼 식사로도 좋아요. 하지만 반려동물에게는 칼로리가 높으니 특별한 날에 특식으로 주세요. 대구와 닭가슴살로 타르트지를 만들 때 너무 양이 적으면, 타르트지가 부서질 수 있고, 또 너무 많으면 속재료가 충분히 들어갈 수 없으니, 그릇을 만든다고 생각하시고 적절한 두께로 만들어주셔야 해요. 스텔리네 파스타는 앙증맞은 작은 사이즈의 파스타로 스프 가니쉬용 파스타로 사용됩니다. 찾기 어렵다 하시면 일반 파스타면을 익혀 잘게 잘라 주셔도 좋고, 생략해도 괜찮습니다.

중성화한 반려동물	반려견 3~5kg	반려견 10~12kg	반려견 17~20kg	반려묘 5kg
1회 급여량	128~176kcal	296~344kcal	464~536kcal	132kcal
집밥레시피	0.2배 분량	0.4배 분량	0.7배 분량	0.2배 분량

Pollack Dumpling

35. 명태 만두

◆ 쌀가루 200g, 명태 60g, 당근 20g, 브로콜리 15g, 시금치 파우더 5g **(총 778kcal)**

재료

1. 당근과 브로콜리는 작게 다진다.
2. 명태는 손질 후 분쇄해 준다.
3. 반죽은 쌀가루를 이용해 흰색, 초록색을 만들어 준다(초록색 반죽은 시금치 파우더를 넣어 반죽한다).
4. 갈아놓은 명태와 ①의 채소를 섞어 만두소를 만들어준다.
5. 초록색 반죽을 밀어 준 다음, 흰 반죽을 넣어 일정한 모양으로 썬 다음, 밀대로 밀어준다.
6. 만두피에 만두소를 넣어 모양을 만든 뒤 김이 오른 찜기에 15분 쪄준다.

Tip

만두피는 얇게 밀어야 예쁜 만두를 빚을 수 있습니다. 비트 파우더, 단호박 파우더 등을 이용하시면 반죽 윗부분의 색을 다양하게 낼 수 있습니다.

명태는 분쇄기를 이용하거나 칼로 다져서 준비해주시고, 사용 전 면보에서 충분히 수분을 제거해주시는 것이 좋습니다.

중성화한 반려동물	반려견 3~5kg	반려견 10~12kg	반려견 17~20kg	반려묘 5kg
1회 급여량	128~176kcal	296~344kcal	464~536kcal	132kcal
집밥레시피	0.2배 분량	0.4배 분량	0.6배 분량	0.2배 분량

Vegetable
채소

Cabbage & Apple Pudding

36. 양배추 사과 푸딩

◆ 우유 200g, 사과 50g, 양배추 40g, 한천가루 5g **(총 173kcal)**

1. 양배추는 듬성듬성 썰어 준비한다.
2. 사과는 작게 다져서 따로 준비해둔다.
3. 우유와 양배추를 믹서기에 넣고 갈아준다.
4. 냄비에 ①과 ②를 섞어 한천가루를 넣고 잘 저어 주면서 끓인다.
5. 용기에 옮겨 냉장고에서 3시간 정도 굳힌다.

Tip

양배추는 디톡스 효과와 포만감을 줄 수 있어 비만한 반려동물의 다이어트 식으로도 아주 좋습니다.

한천이 잘 녹아야 푸딩이 잘 만들어져요. 잘 저어가면서 끓여주세요. 컵이나 그릇에 굳혀주셔도 좋고 반찬 용기에 굳혀서 썰어 급여해도 좋아요. 푸딩은 한끼 식사라기 보다는 에피타이저나 간식으로 먹기 딱이랍니다. 더운 여름에는 얼려서 아이스크림처럼 급여하시면 정말 별미랍니다!

중성화한 반려동물	반려견 3~5kg	반려견 10~12kg	반려견 17~20kg	반려묘 5kg
1회 급여량	128~176kcal	296~344kcal	464~536kcal	132kcal
집밥레시피	1배 분량	1.9배 분량	3배 분량	0.7배 분량

Stir-Fried bok choy

37. 청경채 오리 볶음

◆ 청경채 60g, 오리고기 다짐육 150g, 건새우 3g, 깨 2g, 캐롭파우더 5g, 물 100g, 건조 당근 5g, 전분 3g
  (총 254kcal)

1. 청경채는 한입 크기로 어슷하게 썰어준다.
2. 팬에 오리고기를 구운 다음, 칼로 다져 준비한다.
3. 물과 캐롭을 섞어 둔다.
4. 팬에 건새우를 볶다가 오리고기를 넣고 함께 볶고, 청경채도 넣어 익힌다.
5. 만들어둔 캐롭물과 전분물을 풀어 걸쭉하게 농도를 잡아주고, 깨를 뿌려 완성한다.

Tip

씹는 식감이 좋은 청경채는 비타민 C가 풍부하고, 나트륨 함량이 적으며 혈압조절을 하는 칼륨과 칼슘이 많고, 신진대사 기능을 촉진한답니다. 세포 기능이 튼튼해지는 효능을 가지고 있고, 열량이 낮고 식이섬유가 풍부해 체중관리에도 좋은 효과가 있습니다. 청경채는 지용성 베타카로틴이 있어, 기름에 살짝 볶아 먹으면 영양의 흡수가 더 빠릅니다. 그리고 오리고기와 함께 먹으면 식감이 아주 좋습니다.

새우는 비타민 B12, 나이신, 인, 산화방지제와 같은 반려동물에게 필요한 영양소를 많이 가지고 있습니다. 다만 건새우는 염분이 있으므로 소량을 사용해주시고, 간혹 반려동물에게 알러지 반응을 일으킬 수 있으므로, 사용할 때 주의해주세요.

중성화한 반려동물	반려견 3~5kg	반려견 10~12kg	반려견 17~20kg	반려묘 5kg
1회 급여량	128~176kcal	296~344kcal	464~536kcal	132kcal
집밥레시피	0.6배 분량	1.3배 분량	2.1배 분량	0.5배 분량

Lotus root ball Soup

38. 연근 완자탕

◆ 연근 40g, 닭가슴살 150g, 당근 20g, 청경채 20g, 표고버섯 15g, 쌀가루 30g **(총 321kcal)**

1. 표고버섯 일부는 편으로 썰어준다. 청경채도 먹기 좋은 크기로 어슷하게 썰어 준비한다.
2. 연근과 당근, 남은 표고버섯은 작게 다져 준비한다.
3. 닭가슴살은 갈아서 준비한 뒤 볼에 닭가슴살 분쇄육, 연근, 당근, 표고버섯, 쌀가루를 넣고 치댄다.
4. 완자 1개당 15g씩 동글동글하게 모양을 잡아 준비한다.
5. 냄비에 물을 넣고 물이 끓으면 ④의 연근 완자를 넣고 익힌다. 청경채와 편으로 썰어놓은 표고버섯도 함께 넣고 끓여준다.

Tip

연근은 뿌리 식물이죠. 식이섬유소가 풍부하고 아삭한 식감이 아주 좋습니다. 비타민 C와 철분이 많이 있어 혈액생성에 도움을 주고, 칼륨이 풍부하여 고혈압 환자가 복용하면 좋은 식재료 중 하나라고 해요.

연근은 쓴 맛이 강하니 데쳐서 찬물에 오래 담가놓고 사용하는 것이 좋고, 색이 쉽게 변하기 때문에 썰자마자 식초물에 담궈 냉장보관해주세요.

연근, 당근, 표고버섯은 작게 다져서 닭가슴살과 치대야 끓는 물에서 익힐 때 풀어지지 않아요. 물이 끓기 전에 완자를 넣으면 풀릴 수 있으니 꼭 물이 끓고 난 후 넣어 익혀주세요. 완자가 안 익었을 때는 바닥에 가라앉아 있다가, 익으면 둥둥 뜰 거예요. 그때 꺼내시면 됩니다.

중성화한 반려동물	반려견 3~5kg	반려견 10~12kg	반려견 17~20kg	반려묘 5kg
1회 급여량	128~176kcal	296~344kcal	464~536kcal	132kcal
집밥레시피	0.5배 분량	1배 분량	1.6배 분량	0.4배 분량

Lentils Macaroni Salad

39. 렌틸콩 마카로니 샐러드

◆ 렌틸콩 20g, 닭가슴살 125g, 마카로니 50g, 흰 강낭콩 30g, 코티지치즈 25g, 오이 20g, 방울토마토 25g, 새싹채소 20g, 올리브 오일 5g **(총 392kcal)**

재료

1. 렌틸콩과 강낭콩은 끓는 물에 익혀 준비한다.
2. 오이와 방울토마토는 한입 크기로 썰어준다.
3. 닭가슴살은 큐브 모양으로 썰어, 팬에 볶아 준비한다.
4. 마카로니는 익혀 준비한다.
5. 코티지치즈를 만들어준다.
6. 볼에 모든 재료를 넣고 올리브오일을 넣어 버무려준다.

Tip

렌틸콩은 볼록한 렌즈 모양으로, 렌즈콩으로도 불립니다. 세계 5대 슈퍼푸드로 불릴 정도로 양질의 단백질, 비타민, 무기질, 식이섬유가 풍부한 영양식품입니다.

시중에 판매하는 렌틸콩은 갈색, 녹색을 띠는데 이것은 껍질이 있는 상태이고 살짝 콩 냄새가 나, 안 먹는 아이들도 있어서, 깐 렌틸콩, 오렌지색 렌틸콩을 사용해요. 불리지 않아도 되고 익으면 거의 연한 레몬색으로 바뀌어 다른 식재료에 잘 섞입니다.

오이와 방울토마토는 씨를 제거하고 사용해도 좋아요. 마카로니는 끓는 물에 푹 익혀주세요.

중성화한 반려동물	반려견 3~5kg	반려견 10~12kg	반려견 17~20kg	반려묘 5kg
1회 급여량	128~176kcal	296~344kcal	464~536kcal	132kcal
집밥레시피	0.4배 분량	0.8배 분량	1.3배 분량	0.3배 분량

Sweet Jelly of Red Bean

40. 팥 양갱

◆ 팥 60g, 고구마 70g, 밤 25g, 한천 10g, 올리고당 15g, 물 250g **(총 197kcal)**

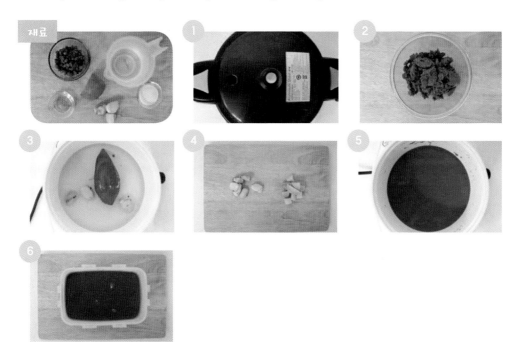

1. 팥은 12시간 정도 물에 불린 다음, 압력밥솥에 푹 익힌다.
2. 익힌 팥은 믹서에 갈아준다.
3. 밤과 고구마도 끓는 물에 삶아 익힌 다음, 적당한 크기로 잘라 준비한다.
4. 냄비에 물과 올리고당, 한천가루, 갈아놓은 팥을 넣고 잘 풀어가며 끓인다.
5. 양갱몰드에 밤과 고구마를 넣고 ④를 넣어 냉장고에서 3시간 정도 굳혀준다.

Tip

팥은 부기를 빼주고 혈압 상승 억제에 도움을 주는 식재료이지요. 팥은 단단해서, 많이 불린 다음에 잘 익혀서 사용해주셔야 해요. 그렇지 않으면 설사할 수도 있어요. 또 많이 먹어도 안돼요. 이뇨작용이 있어서 양갱은 간식으로 조금씩 주세요.
양갱을 만들 때 올리고당은 넣지 않아도 괜찮아요. 양갱몰드가 없다면 반찬용기에 넣고 굳힌 다음 썰어도 좋습니다.

중성화한 반려동물	반려견 3~5kg	반려견 10~12kg	반려견 17~20kg	반려묘 5kg
1회 급여량	128~176kcal	296~344kcal	464~536kcal	132kcal
집밥레시피	0.8배 분량	1.7배 분량	2.7배 분량	0.6배 분량

Corn Soup

41. 옥수수 감자 크림 스프

◆ 옥수수 50g, 우유 120g, 감자 50g, 파슬리 소량 **(총 170kcal)**

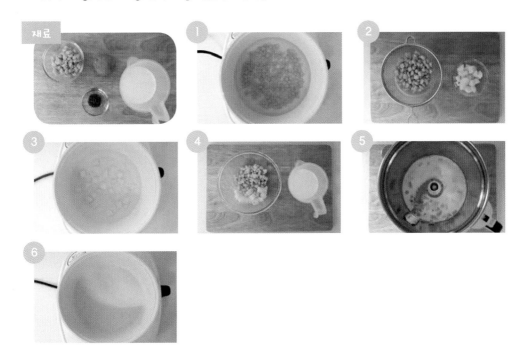

1. 끓는 물에 옥수수를 넣고 끓여, 염분을 제거한다.
2. 감자는 큐브 모양으로 작게 썰어, 끓는 물에 익힌다.
3. 믹서에 우유, 옥수수, 익힌 감자를 넣고 갈아준다.
4. 갈아놓은 스프를 냄비에 옮겨 한번 끓여준다.
5. 그릇에 담고 파슬리를 뿌려 완성한다.

Tip

옥수수는 비타민 B1, B2, E와 칼륨, 철분 등 무기질이 풍부하고, 옥수수 씨눈에는 리놀레산이 풍부해 콜레스테롤을 낮춰주는 식재료입니다. 옥수수는 필수아미노산이 부족하니 우유와 함께 섭취하면 좋아요.

옥수수 알갱이는 소화가 잘 되지 않아 대변으로 배출될 수 있으니 푹 익히거나 갈아서 요리해주세요.

감자는 껍질을 제거한 다음 사용하고, 감자 대신 고구마, 단호박을 사용해도 좋아요.

중성화한 반려동물	반려견 3~5kg	반려견 10~12kg	반려견 17~20kg	반려묘 5kg
1회 급여량	128~176kcal	296~344kcal	464~536kcal	132kcal
집밥레시피	1배 분량	2배 분량	3배 분량	0.7배 분량

Paprika & Salmon Rice Noodle

42. 파프리카 연어 비빔 쌀국수

◆ 파프리카 150g, 연어 100g, 달걀 50g, 쌀국수면 50g, 오이 20g, 새싹채소 15g, 마른김 소량 **(총 467kcal)**

1. 쌀국수는 끓는 물에 익혀 준비한다.
2. 달걀은 풀어 지단으로 부쳐, 채썰어준다.
3. 오이와 김도 지단과 같은 크기로 썰어준비한다.
4. 연어는 큐브 모양으로 썰어 팬에 익힌다.
5. 파프리카는 씨를 제거하고 믹서기에 갈아서 소스를 준비한다.
6. 모든 재료를 섞어 그릇에 담아준다.

Tip

파프리카는 색이 다양해서 요리의 분위기를 밝고 경쾌하게 만들어 주는 효과가 있지요. 칼슘과 인이 풍부해서, 뼈와 이빨을 단단하게 하는 데 도움을 주고 비타민 C와 베타카로틴은 항암효과, 노화예방에 아주 좋은 식재료이지요. 레시피에서는 빨간 파프리카를 사용하였는데, 노랑, 주황 등의 다른 색을 사용해서도 좋아요. 파프리카를 갈아 소스로 사용하였는데, 달걀과 오이와 같이 지단처럼 채썰어주셔도 좋습니다.

김은 조미가 되지 않은 마른 김으로 사용하고, 입천장이나 식도에 붙을 수 있으므로 작게 가루를 내어 사용하는 것이 가장 좋아요.

중성화한 반려동물	반려견 3~5kg	반려견 10~12kg	반려견 17~20kg	반려묘 5kg
1회 급여량	128~176kcal	296~344kcal	464~536kcal	132kcal
집밥레시피	0.3배 분량	0.7배 분량	1.2배 분량	0.2배 분량

Roasted Cheese Potato

43. 치즈 감자 구이

◆ 감자 2개, 슬라이스 치즈 1장, 파슬리 소량, 식물성오일 2g **(총 98kcal)**

 1. 감자는 껍질을 제거하고 칼로 칼집을 낸
다음, 찬물에 넣어 준비한다.
2. 준비한 감자는 식물성오일과 파슬리를 뿌
린 다음 200도로 예열된 오븐에서 30분
정도 굽는다.
3. 익힌 감자 사이사이에 슬라이스 치즈를
넣어준다.

Tip
여름에 수확한 포슬포슬한 감자로 만들면 정말 맛있어요. 칼
로리가 낮아 체중관리가 필요한 아이들에게 포만감을 줄 수
있는 좋은 식재료입니다.
감자는 양쪽에 나무젓가락을 두고 썰면 일정하게 썰 수 있습
니다. 감자를 중심에 두고 젓가락 한쪽 끝을 삼각뿔처럼 고정
시킨 다음에 써는 거예요. 끊어지지 않게 썰어주세요.
슬라이스 치즈는 아기용 저염치즈를 사용하거나 코티지치즈
를 만들어 사용해주세요.

중성화한 반려동물	반려견 3~5kg	반려견 10~12kg	반려견 17~20kg	반려묘 5kg
1회 급여량	128~176kcal	296~344kcal	464~536kcal	132kcal
집밥레시피	1.7배 분량	3.5배 분량	5.4배 분량	1.3배 분량

Shiitake mushroom Rice

44. 버섯 덮밥

◆ 쇠고기 안심 80g, 밥 100g, 애호박 25g, 깨 소량, 팽이버섯 15g, 표고버섯 5g, 전분 2g, 캐롭파우더 1g, 물 50g **(총 272kcal)**

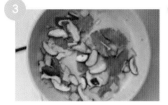

1. 애호박은 반달 모양으로 썬다.
2. 표고버섯과 팽이버섯도 길이대로 썰어 준비한다.
3. 냄비에 쇠고기 안심을 볶다가 ①과 ②를 넣고 함께 볶는다.
4. 물과 캐롭을 넣고 끓이다가, 전분을 넣어 농도를 잡는다.
5. 그릇에 밥을 올리고 완성된 덮밥 소스를 올려 깨를 뿌려 완성한다.

Tip

건표고버섯은 향이 강해 안 먹는 반려동물도 있어 생표고로 사용해주세요. 긴 팽이버섯은 손가락 마디 길이로 잘게 잘라주세요. 버섯은 지방이 낮고 식이섬유가 풍부하죠. 고기와 함께 섭취하면 좋습니다.

전분은 감자나 옥수수 전분을 이용해주세요. 모든 재료는 다져서 준비해도 좋아요.

밥 대신 사료 위에 토핑으로 급여해도 좋습니다.

중성화한 반려동물	반려견 3~5kg	반려견 10~12kg	반려견 17~20kg	반려묘 5kg
1회 급여량	128~176kcal	296~344kcal	464~536kcal	132kcal
집밥레시피	0.6배 분량	1.2배 분량	1.9배 분량	0.5배 분량

Chick peas Steak

45. 병아리콩 스테이크

◆ 불린 병아리콩 100g, 두부 50g, 쌀가루 50g, 달걀 노른자 1개, 고구마 30g, 브로콜리 20g, 당근 20g
  (총 665kcal)

1. 병아리콩은 12시간 정도 물에 불려, 압력밥솥으로 익혀 준다.
2. 고구마, 당근은 스틱 모양으로 썰어 준비하고, 브로콜리는 한 입 크기로 준비한다.
3. 두부는 끓는 물에 염분 제거 후 ①의 병아리콩과 같이 으깨 섞어준다.
4. ③에 달걀, 쌀가루를 넣고 잘 치댄 다음, 스테이크 모양으로 빚어준다.
5. 팬에 기름을 두르고 ②의 채소를 넣고 익혀준다.
6. 만들어둔 병아리콩 스테이크를 구워 준다.

Tip

병아리콩 스테이크는 너무 두껍게 만들면 겉만 색이 변하고 속까지 익지 않으므로 두께를 1cm 정도로 만들어 속까지 잘 익혀주세요. 팬으로 익히다가 너무 많이 탈 것 같으면, 꺼내서 전자레인지로 속까지 익혀도 좋습니다.

중성화한 반려동물	반려견 3~5kg	반려견 10~12kg	반려견 17~20kg	반려묘 5kg
1회 급여량	128~176kcal	296~344kcal	464~536kcal	132kcal
집밥레시피	0.2배 분량	0.5배 분량	0.8배 분량	0.2배 분량

Fruit & Other

과일 & 기타

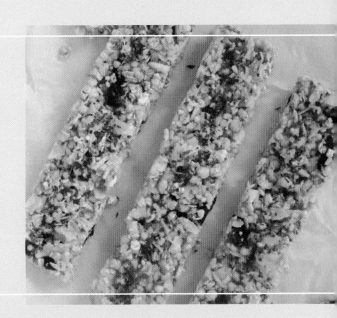

Tofu & Kombu Roll

46. 두부 다시마 말이

◆ 두부 80g, 쌈다시마 30g, 당근 25g, 아마씨 파우더 5g, 무순 소량 . 참기름 5g **(총 90kcal)**

Tip

1. 쌈 다시마는 찬물에 담궈 염분을 제거한 다음, 끓는 물에 살짝 데친다.
2. 두부는 끓는 물에 넣어 염분을 제거한 후, 으깬 다음 아마씨 파우더와 참기름을 섞는다.
3. 무순은 다듬어 씻어 놓고 당근은 채썰어 준다.
4. 데친 다시마에 으깬 두부를 적당하게 올리고 당근과 무순을 넣어 돌돌 말아 준다.

다시마는 염장되지 않은 생다시마를 이용해주세요. 다시마는 지방의 흡수를 방해하는 변비에 도움을 주는 식재료입니다. 다시마는 무와 궁합이 좋은데요. 다시마의 칼륨과 무의 비타민 C 가 혈관 건강에 도움을 주고 고혈압 예방에도 좋다고 하여, 두부 다시마 말이의 무순 대신 무를 사용해도 좋습니다. 생무는 매운 맛이 있으므로 살짝 데치거나 볶아 사용해도 좋습니다.

중성화한 반려동물	반려견 3~5kg	반려견 10~12kg	반려견 17~20kg	반려묘 5kg
1회 급여량	128~176kcal	296~344kcal	464~536kcal	132kcal
집밥레시피	1.9배 분량	3.8배 분량	5.9배 분량	1.4배 분량

Pear Jelly

47. 배젤리

◆ 배 반쪽 (230g), 한천가루 5g **(총 124kcal)**

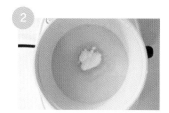
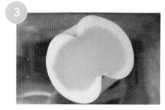

1. 배는 윗둥을 자르고 숟가락으로 속을 파내 준다.
2. 파낸 속은 믹서기에 한번 갈아 준비한다.
3. ②의 배즙에 한천을 넣고 가열한다.
4. ①의 배 그릇에 ③을 넣고 냉장고에서 3시간 정도 굳혀준다.

Tip

배는 수분을 많이 함유하고 있고, 호흡기와 기관지 질환에 좋아 감기 걸렸을 때 배숙을 많이 끓여 먹죠.
숟가락으로 배속을 파내어 줄 때는 그릇이 될 배 벽면의 두께가 일정하게 나올 있도록 해주셔야, 젤리가 되었을 때 예쁘답니다. 반려동물뿐만 아니라 우리도 먹기에 맛있고 재밌는 메뉴랍니다.

중성화한 반려동물	반려견 3~5kg	반려견 10~12kg	반려견 17~20kg	반려묘 5kg
1회 급여량	128~176kcal	296~344kcal	464~536kcal	132kcal
집밥레시피	1.4배 분량	2.7배 분량	4.3배 분량	1배 분량

Katsuobushi Duck Meat Takoyaki

48. 오리고기 타코야끼

◆ 오리안심 50g, 쌀가루 130g, 계란 50g, 오일 20g, 브로콜리 20g, 애호박 15g, 가쓰오부시 2g, 캐롭 파우더 10g, 한천가루 10g, 물 150g **(총 583kcal)**

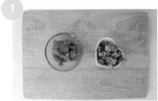

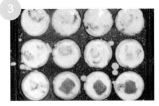

1. 오리 안심은 한입 크기로 썰어 준비하고, 브로콜리는 한입 크기로 썰어준다.
2. 애호박은 작게 다진다.
3. 볼에 계란, 오일, 물, 쌀가루, 다져놓은 애호박을 넣어 타코야끼 반죽을 만들어준다.
4. 타코야끼팬에 기름칠을 한 뒤, 약불에서 반죽을 반쯤 부어준다.
5. 반죽에 썰어놓은 브로콜리와 오리안심을 하나씩 넣어 준다.
6. 다시 쌀반죽을 부어 굴려가며 노릇하게 구워 완성한다.
7. 냄비에 캐롭파우더, 한천가루, 물을 넣고 미리 풀어 소스를 만들어 둔다.
8. 타코야끼에 가쓰오부시, 만들어둔 캐롭 소스를 뿌려 완성한다.

Tip

타코야끼는 밀가루 반죽 안에 문어와 야채 등을 넣고 공 모양으로 구운 간식입니다. 반려동물은 문어, 오징어 등을 잘 소화하기 어렵기 때문에 오리 안심으로 대체했습니다. 타코야끼 팬이 없다면 동그랗게 팬에 부쳐내 오코노미야끼 모양으로 만들어도 좋아요.

중성화한 반려동물	반려견 3~5kg	반려견 10~12kg	반려견 17~20kg	반려묘 5kg
1회 급여량	128~176kcal	296~344kcal	464~536kcal	132kcal
집밥레시피	0.3배 분량	0.5배 분량	0.9배 분량	0.2배 분량

Oatmeal gangjeong

49. 오트밀 강정

◆ 압착오트밀 55g, 볶은 현미 40g, 볶은 율무 30g, 올리고당 40g, 건크랜베리 20g, 코코넛칩 20g, 코코넛 슬라이스 15g, 코코넛오일 15g **(총 924kcal)**

재료

1. 압착 오트밀은 미리 한번 볶아서 준비한다.
2. ①을 볼에 옮겨 크랜베리, 코코넛파우더, 코코넛칩, 올리고당, 코코넛오일, 볶은 율무, 볶은 현미를 넣고 섞어준다.
3. 평평한 그릇이나 도마, 혹은 오븐 시트 위에 반죽을 올리고 정사각형으로 만든다.
4. 냉동실에서 3시간 이상 얼려 먹기 좋은 크기로 잘라 완성한다.

Tip

오트밀과 현미는 식이섬유가 풍부하여 다이어트에 좋은 식재료입니다. 크랜베리와 코코넛칩을 씹을 때 식감을 다양하게 해줍니다. 반려동물과 보호자가 함께 먹을 수 있는 간식으로 추천합니다. 완전히 얼은 상태에서 썰어야 예쁜 모양이 나와요. 칼로리가 높으니 소량씩 급여해주세요.
이 강정은 곡물강정이예요. 고양이에게는 급여하지 마시고, 강아지용으로만 급여해주세요.

중성화한 반려동물	반려견 3~5kg	반려견 10~12kg	반려견 17~20kg	반려묘 5kg
1회 급여량	128~176kcal	296~344kcal	464~536kcal	132kcal
집밥레시피	0.1배 분량	0.3배 분량	0.5배 분량	

Bean Poulet Soup

50. 콩가루 수제비

◆ 닭가슴살 100g, 순두부 40g, 찹쌀가루 30g, 애호박 30g, 당근 20g, 콩가루 10g, 들깨가루 3g **(총 302kcal)**

1. 애호박과 당근은 작게 다져준다.
2. 다져놓은 야채를 같이 넣어 콩가루와 찹쌀가루를 이용해 수제비 반죽을 만들어준다.
3. 물에 닭가슴살을 넣고 익혀준 뒤, 큐브 모양으로 썰어 준비한다.
4. 닭을 익힌 육수에 수제비 반죽을 조금씩 뜯어 넣어준다.
5. 익혀놓은 닭가슴살을 넣어준다.
6. 수제비가 다 익으면 순두부를 조금 넣고, 들깨가루로 마무리한다.

Tip

육류의 단백질에 알러지가 있는 반려동물에게는 콩단백질로 대체해서 급여해주시면 좋아요. 콩은 비타민 B군도 많고 콜레스테롤을 낮춰주는 좋은 식재료입니다. 직접 콩가루를 만들기 번거로우니 시중의 콩가루를 사용해도 좋습니다. 다만, 사용 전 콩가루 안에 당분이 포함되어 있는지, 다른 견과류가 포함되어 있는지 꼭 확인해주세요.

중성화한 반려동물	반려견 3~5kg	반려견 10~12kg	반려견 17~20kg	반려묘 5kg
1회 급여량	128~176kcal	296~344kcal	464~536kcal	132kcal
집밥레시피	0.5배 분량	1.1배 분량	1.7배 분량	0.4배 분량

Soybean Milk Oatmeal Soup

51. 두유 오트밀 죽

◆ 무가당 두유 200g, 닭가슴살 80g, 압착오트밀 50g, 애호박 20g, 블루베리 15g **(총 463kcal)**

---

1. 애호박은 작게 다진다.
2. 닭가슴살은 미리 삶아 결대로 찢어 준비한다.
3. 오트밀에 물을 살짝 넣고 끓이다, 두유를 넣고 끓여준다.
4. ③에 애호박과 닭가슴살을 넣어 익혀준다.
5. 블루베리를 올려 마무리 한다.

Tip

두유는 유당불내증을 가진 아이들에게 영양을 제공할 목적으로 만들어졌다고 해요. 콩단백질은 심장병 예방에도 도움을 주는 좋은 식재료입니다. 두유를 선택할 때는 콩의 원산지를 확인해주세요.
두유 대신 물이나 락토프리 우유, 펫밀크를 사용해도 좋습니다.
냉동 블루베리를 넣으면 과일이 해동되면서 색깔이 보라색으로 변할 수 있으니 주의해주세요.

중성화한 반려동물	반려견 3~5kg	반려견 10~12kg	반려견 17~20kg	반려묘 5kg
1회 급여량	128~176kcal	296~344kcal	464~536kcal	132kcal
집밥레시피	0.3배 분량	0.7배 분량	1.2배 분량	0.2배 분량

Apple Gratin

52. 사과 그라탕

◆ 고구마 150g, 닭가슴살 150g, 사과 80g, 락토프리우유 50g, 코티지치즈 30g, 건크랜베리 20g, 코코넛파우더 10g, 파슬리 1g **(총 394kcal)**

1. 사과는 한입 크기로 깍뚝 썰기 해준다.
2. 고구마도 같은 크기로 썰어, 끓는 물에 익힌다.
3. 닭가슴살도 같은 크기로 썰어 팬에 한번 볶는다.
4. 그라탕 용기에 ①, ②, ③을 한꺼번에 넣고 우유를 자작하게 부어준 다음, 코코넛파우더와 파슬리, 건크랜베리, 코티지치즈를 올려 준다.
5. 180도로 예열한 오븐에서 30분 정도 구워준다.

Tip

그릇은 오븐 전용으로 이용하셔야 깨지지 않습니다. 사과, 고구마, 닭가슴살은 반려동물의 기호도에 따라 큰 알갱이를 잘 먹는 아이들은 크게 썰고, 소화를 시키지 못하거나 작은 알갱이의 사료 등을 먹는 친구들에게는 잘게 다져주세요.

중성화한 반려동물	반려견 3~5kg	반려견 10~12kg	반려견 17~20kg	반려묘 5kg
1회 급여량	128~176kcal	296~344kcal	464~536kcal	132kcal
집밥레시피	0.4배 분량	0.8배 분량	1.3배 분량	0.3배 분량

Mashusing Potato Pancakes

53. 미역 감자전

◆ 감자 200g, 돼지고기안심 50g, 미역 20g, 당근 15g **(총 251kcal)**

Tip

1. 돼지고기 안심은 분쇄기로 갈아 준비하고, 당근은 작게 다진다.
2. 미역은 물에 담궈 염분을 제거하고, 작게 다져준다.
3. 감자는 갈아서 면보에 짜준다. 감자를 짠 물은 10분 정도 두면 전분과 물이 분리되는데, 이때 물을 버리고 가라앉은 전분만 짜낸 감자와 섞어 준다.
4. ①, ②, ③을 전부 섞은 뒤 팬에 부쳐준다.

출산을 하면 산모들이 많이 먹는 미역은 칼슘이 풍부한 바다채소입니다. 반려동물 자연식을 만들다 보면 고기를 많이 사용하다 보니 칼슘보다 인을 더 많이 섭취하는 경우가 많아요. 칼슘이 많이 들어있는 식재료로 뼈 건강을 도와주고, 저열량, 저지방 식품인 미역은 포만감을 줄 뿐만 아니라 장운동을 활발하게 해 다이어트에 좋은 식품입니다.

감자는 강판을 이용해 갈아주세요. 이때 손이 다칠 수 있으니 주의해주세요.

중성화한 반려동물	반려견 3~5kg	반려견 10~12kg	반려견 17~20kg	반려묘 5kg
1회 급여량	128~176kcal	296~344kcal	464~536kcal	132kcal
집밥레시피	0.7배 분량	1.3배 분량	2.1배 분량	0.5배 분량

Banana & Chicken Roll

54. 바나나 고기 말이

◆ 바나나 1개 . 닭가슴살 120g. 당근 40g **(총 334kcal)**

1. 당근은 얇게 채썰어 준비한다.
2. 바나나는 껍질을 벗기고 절반으로 썬다.
3. 닭가슴살은 얇게 저며서 고기망치로 두드린다.
4. ②의 닭가슴살 위에 바나나와 ③의 당근을 넣고 김밥 말듯이 돌돌 말아 준다.
5. 팬에 기름을 두르고 구워준 다음, 잘라서 급여한다.

Tip

무기질이 풍부한 바나나는 달달한 맛으로 기호도가 좋은 식재료 중에 하나입니다. 과육의 약 70%가 수분으로 이루어져 있죠. 바나나를 선택할 때는 반점이 생긴, 많이 익은 상태의 바나나를 사용하시는 것이 좋아요. 많이 익은 바나나는 당이 많으며 소화가 잘됩니다.

팬에 기름을 두르고 구울 때는 닭가슴살이 벌어진 끝부터 눌러서 익혀야 롤이 풀리지 않고 유지됩니다.

닭가슴살이 완벽하게 익을 수 있도록 처음에는 센 불로 익힌 다음 건면에 색이 살짝 노르스름하게 변하면, 물을 조금 넣고 뚜껑을 덮어 약불에서 익혀주세요.

중성화한 반려동물	반려견 3~5kg	반려견 10~12kg	반려견 17~20kg	반려묘 5kg
1회 급여량	128~176kcal	296~344kcal	464~536kcal	132kcal
집밥레시피	0.5배 분량	1배 분량	1.6배 분량	0.3배 분량

HIPETSCHOOL

◇ 반려동물 콘텐츠 교육

◇ 펫푸드스타일리스트, 펫베이커리전문가, 펫시터전문가, 펫아로마전문가 자격증 교육

◇ 반려동물의 건강한 먹거리에 대해 고민하며 레시피 개발

◇ 100세 시대를 반려동물과 함께 하기 위해 반려인 창업교육

◇ 펫샵 창업, 반려동물 카페 창업, 애견유치원, 운동장 창업, 펫아로마테라피 등 교육

◇ 반려견 행동교정, 펫시터 교육

🏠 www.hipetschool.com

Ⓝ http://blog.naver.com/hipetschool

🅾 https://www.instagram.com/hipetschool/ (인스타그램 @hipetschool)

▶ https://www.youtube.com/channel/UCWDxiYwV-cN1ULLycGZ4zfQ (유튜브) 채널 하이펫스쿨 TV

HIPETSCHOOL

'반려동물 집밥 만들기' 동영상 바로보기
QR 코드를 스캔하시면 하이펫스쿨TV, '반려동물 집밥 만들기' 를 보실
수 있습니다.

김수정   하이펫스쿨(반려동물콘텐츠 교육), 마포다방(반려동물 동반 카페) 대표

　　　　　엄니보따리(해남농산물직거래) 대표

　　　　　한국건강한반려동물협회 협회장

　　　　　건국대학교 농축대학원 응용수의학 석사과정

　　　　　국민대학교 국제경영전략전공 경영학 박사

　　　　　서울호서전문 애완동물학과 외래교수(전)

　　　　　국민대학교 경영학부 외래교수(전)

박슬기   하이펫스쿨 대표강사, 반려동물 수제간식 교육, 식품영양학, 푸드스타일리스트 전공
이승미   하이펫스쿨 대표강사, 반려동물 수제간식 교육, 반려동물 간호사
서진남   하이펫스쿨·마포다방 대표이사, 반려동물 수제간식 도소매

하이펫스쿨 히스토리

2014 년

❋ 8월 하이펫스쿨 전신 "엄니보따리" 농산물 쇼핑몰 오픈 / 하이펫스쿨 교육 기획

2016 년

❋ 7월 마포구 대흥동으로 이전, 하이펫스쿨 강의실 오픈 / 반려동물 수제간식 창업교육,
펫푸드스타일리스트 자격증 교육

2017 년

❋ 3월 단미사료제조업 설립, 수제간식 납품사업 개시
❋ 5월 농업진흥청, 원주시, 2017년 농가형 반려동물 펫푸드 상품화 체험시범, 컨설팅
❋ 5월 반려동물 동반 카페 "마포다방" 오픈
❋ 8월 "한국건강한반려동물협회" 설립, 도서 "반려동물 집밥레시피" 출간
❋ 10월 수원여성의 전화, 모모이, 여성지원프로그램, 펫푸드스타일리스트 자격증교육
❋ 11월 서울시-관악구 상향적일자리지원사업, 관악여성인력개발센터, "펫시터양성
과정" 기획 및 교육 1기수
❋ 12월 사명 "엄니보따리"에서 "하이펫스쿨"로 변경

2018 년

❋ 3월-11월 서울시-관악구 상향적일자리지원사업, 관악여성인력개발센터, "펫시
터양성과정" 기획 및 교육 총 4기수
❋ 5월 용인시 기흥노인복지관 - 2018년 경기도 일자리 초기 투자비 지원사업, 펫
푸드창업교육

- 6월 하이펫스쿨, 마포다방과 함께 서교동 홍대입구 앞으로 이전
- 9월 강아지 미용실 "마포살롱" 오픈
- 11월 도서, "반려동물 집밥 레시피" 대만판 "犬ü的鮮食天堂" 출간

2019년

- 3월 서울시 – 관악구 상향적일자리지원사업, 관악여성인력개발센터, "펫시터양성
  과정" 기획 및 교육
- 3월 – 10월 서대문구상향적일자리지원사업, 서대문여성인력개발센터, "펫시터양성
  과정" 기획 및 교육 총 3기수
- 5월, 9월 서울시 – 관악구 상향적일자리지원사업, "반려동물산업 창업 교육과정" 교육
- 10월 하이펫스쿨 온라인 이러닝 수업 강좌 오픈

2020년

- 7월 마포구 연남동으로 이전
- 7월 – 12월 동작구 _ 2020년 펫시터 심화/전문가 양성과정_펫푸드스타일리스트,
  펫패션전문가 _ 시행, 기획 및 교육
- 12월 "하이펫스쿨반려동물수제간식학원" 평생직업교육학원설립

반려동물 집밥 레시피: 두 번째 이야기―강아지와 고양이를 위한 자연식 레시피

초판발행	2020년 1월 3일
중판발행	2021년 9월 1일

지은이	하이펫스쿨
펴낸이	노 현

편 집	배근하
기획/마케팅	김한유
표지디자인	벤스토리
제 작	우인도·고철민
스타일링	박슬기
사 진	이승미

펴낸곳	(주) 피와이메이트
	서울특별시 금천구 가산디지털2로 53 한라시그마밸리 210호(가산동)
	등록 2014. 2. 12. 제2018-000080호
전 화	02)733-6771
f a x	02)736-4818
e-mail	pys@pybook.co.kr
homepage	www.pybook.co.kr
ISBN	979-11-89643-49-2 03490

copyright©하이펫스쿨, 2020, Printed in Korea

정 가 11,500원

박영스토리는 박영사와 함께하는 브랜드입니다.